「日本一小さい農家」
が明かす
「脱サラ農業」
はじめの一歩

農で1200万円!

西田栄喜
Eiki Nishita
菜園生活「風来」代表

ダイヤモンド社

ビニールハウス4棟、通常農家の
10分の1以下の面積しかない
「日本一小さい農家」の
飛ぶように売れる「野菜セット」！

▼3週間待ちの大人気「野菜セット」

2000円の
野菜セットに
送料 2800円（沖縄）
出す人も！

▶「日本一小さい農園」をバックに、
夕暮れのバーベキュー！
ビールで乾杯！

風来の50品種以上の野菜は
すべて無農薬・無肥料だから
「安心・安全」！

◀ある日の収穫物は6箱も！

▲見ているだけで
癒される「野菜セット」

▲風来では、2012年から「炭素循環農法」
(無肥料栽培→233ページ) に着手。
別名「たんじゅん農法」というくらい
シンプルな農法だから、「肥料代ゼロ」でも
「3本成りのきゅうり」など、
元気いっぱいの野菜が毎日穫れる！

▲多品種少量の「小さい農」を実
現する「秘密の苗」

労働力は1.5人だけ!(→103ページ)
ダンナが畑、妻が加工!
秘密兵器は
風来ママがつくる漬物&お菓子!

漬物の人気ランキング ベスト3

第1位

▲白菜キムチ

第2位

▲旬野菜ぬか漬け

第3位

▲大根キムチ

お菓子の人気ランキング ベスト3

第1位

▲シフォンケーキ

第2位

▲よもぎ団子

第3位

▲ガトーショコラ

▲シフォンケーキをつくっている最中の妻

風来では、発送時に、こんなひと手間が！

野菜セットを買うと、どんなものがついてくる？

▲奥さんが描いた
野菜の紹介・食べ方イラスト

▲安心・安全の「源さんマーク」
(→214ページ)

いよいよ夏野菜シーズン到来。生命力溢れる野菜がどんどん出てきています(^_^)

◇◇ 風来6月のおすすめ商品 ◇◇

【ミックスフルーツのマフィン】 1512円

マフィン生地をホールケーキに。アメリカ風の生地が楽しく、見た目にもかわいいケーキです。

レーズン、クランベリーなど数種のドライフルーツを贅沢に混ぜ込み、自家製ドライフルーツ＆ナッツのはちみつ漬けをトッピングしました。

【揚げかきもち】 5枚入り　648円

ふわふわパリンの味わい、一度食べると冗談抜きで止まらない味わいです。

プレーン、青のり、ゴマ、豆、昆布、エビなどの色々なフレーバーがあります。5種類(各1枚入り)になります。本物のかきもちを味わいください。

【オルチョサニター・オリーブオイル】 440g　2862円

輸入している朝倉さんが現地で理想のオリーブ探しから始めたまさに逸品のオリーブオイル。

これまで出会ったオリーブオイルの中で最高です。最初高価だと思ったのですが、1度使うともう手放せません。お塩を少し加えたものをトーストにつけるとそれだけで最高の味わいです。

【よもぎ団子】 2個入り　194円

春の限られた時期、山の日陰で採ってきたよもぎを茹でて保存。そんなこだわりの手摘みよもぎ100％使用。風味、やわらかさが違います。

そんな作りたてを真空パックしました。袋を開ければ出来立てのやわらかさと風味が広がります(^_^)(冷凍保存も出来ます)

【抹茶のシフォンケーキ】 1404円

抹茶風味・・ではなく、ちゃんと抹茶の香りが立ち、ほのかな甘味も感じられる抹茶生地のシフォンケーキです。ほっくりした卵の味、そしてしっとりふわふわの生地。

抹茶の繊細な風味が口いっぱいに広がる一品です。

【無農薬コーヒー】 200g　712円

京都のグリーンアイズの森口さんは豆の選定、買い付けから焙煎まで独自に行っています。

焙煎も豆の種類別に低温でジックリと中も外もムラなく均一に焼きあげています。

無農薬コーヒーを色々試しましたが、ダントツにおいしかったです。後味のよい、本来のコーヒー味わいをぜひ。

ご注文は　電話　0761－55－4091　FAX　0761－55－4091
ホームページ　http://www.fuural.jp/
メール　gensan@poem.ocn.ne.jp　にて承っております。菜園生活　風来

▲6月のおすすめ商品のお知らせ

フェイスブックで
お客様とダイレクトにつながる!?

みんなで楽しみながら、「知恵の教室」や「イベント」でも幸せに稼げる時代になった！今こそ、ビジネスパーソンが「第2の井戸（収入源）」を掘るとき！（→24ページ）

▲あるフェイスブックイベント。
ときには「農コン」も（→128ページ）

▲炊き込みごはんを持ってイベントに！
（→203ページ）
ごはんものを出しながら出店すれば「漬物」が自然と売れることを発見!!

▲必ず名刺を持ってイベントに出店
（→201ページ）

絆で「小さな幸せ農」！
には全国から視察団が次々訪れる!!

▲ぐんぐん
天まで伸びる
「きゅうり」

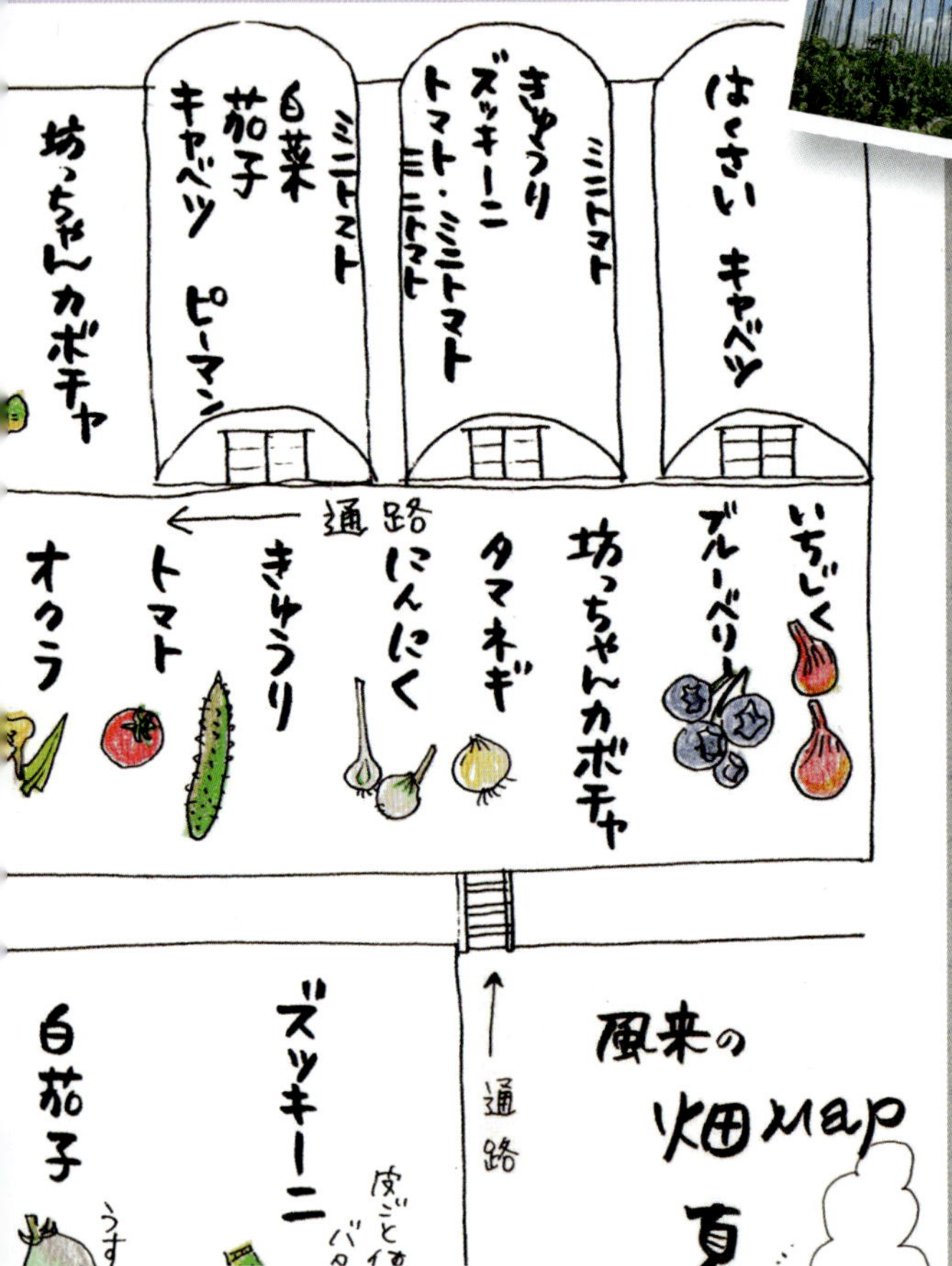

◀「日本一小さい農家」に
全国から次々視察団が！

3人の子どもと家族との

石川県能美市の日本一小さい農家「風来」

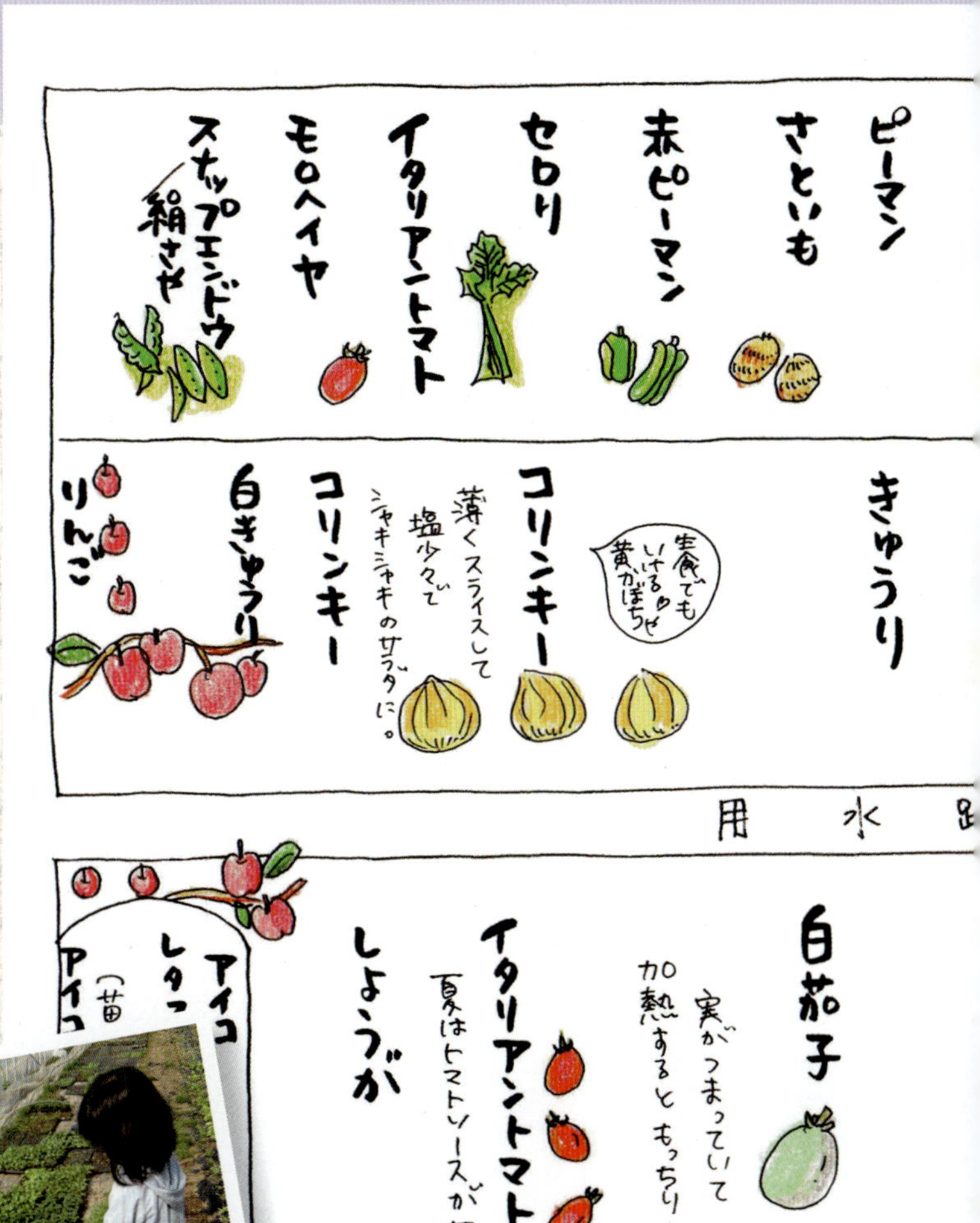

▲奥さんが描いた「風来の畑Map夏」

◀娘もパパの仕事をお手伝い中！

クラウドファンディングで“円”と“縁”を！

▲達成率236%、71万円を集めてビニールハウスも一気に再建！
（→178ページ）

◀達成率192%、42万3000円を集めた「ハンマーナイフモア」
（→178ページ）

▼中古で買った3万円の管理機がメインプレーヤー！よく活躍してくれています！ありがとう！

▲「日本一小さい農家」、今日も畑へGO！

はじめに

借金、補助金、農薬、肥料、ロス、大農地、高額機械、宣伝費すべてなしで、なぜ1200万円稼げるのか？

「農業は最も幸せに稼げる仕事である！」

これが1999年に起農して以来の実感です。

ただこんなことを大っぴらに言うと、

「そんなに甘いもんじゃねえ」

という声がたくさん聞こえてきそうです。

実際、私が農業を志したとき、周囲の人たちからも、

「資金も経験もない素人には無理だろう」

と散々言われたものです。

資金も経験も広い土地もない私が、脱サラして農家になるときに決めたことは、

- **農業の「固定概念」を捨てる**

- **しっかり「稼ぐ」ことを考える**

- **農業は目的でなく「手段」である**

ということです。

農業は農産物を育てて売るだけという固定概念から脱却し、**農業は田畑を舞台として何をしてもいい**と考えると、可能性は無限に広がります。

そして、しっかり稼ぐことを考える。これは、当たり前のようですが、農業の場合、自然まかせ、市場まかせと、外部要因に委《ゆだ》ねているところが意外に多い。これでは稼ごうにも稼げません。いかに自分主体にしていくかを考える。そして農家になった目的は、**幸せになる**ということ。ここはブレない。そうしてきたところ、

● **〝借金なし〟……起農資金を含め一切借金なし**

● **〝補助金なし〟……行政に一切頼らなくてもやっていける仕組み**

● **〝農薬なし〟……当初から農薬を使わない農法を実践**

● **〝肥料なし〟……途中から無肥料栽培に切替え**

● **〝ロスなし〟……予約販売、加工で野菜のロス（廃棄）がほぼない仕組み**

● **〝大農地なし〟……通常農家の10分の1以下の耕地面積の「日本一小さい専業農家」**

● **〝高額機械なし〟……3万円で購入した中古の農機具がメインプレーヤー**

● **〝宣伝費なし〟……これまで一度も有料広告を出したことがない**

と、これまでの一般的な農業ではありえないことに……。

そして、こんな〝ないないづくし〟のおかげで「**ストレスもなし**」。

対して、今の農業の常識と言えば……

「農業は儲からない」

「農業を始めるには、農機具・設備費など莫大な資金が必要」

「補助金がないと成り立たない」

「農業技術を習得するには時間がかかる」

「広い土地がないと無理」

「人手が必要」

「天候により収入が不安定」

「自然相手なので休みがない」

など固定概念でいっぱいです。


農林水産省の「農業経営統計調査」（２０１１年）によると、専業農家の平均年収は２００万円、初期投資に約１０００万円、兼業農家も含め日本の農家の平均耕地面積は２・27ヘクタールと言われていますが、専業農家で食べていく場合は稲作農家で20ヘクタール以上、畑作農家で３ヘクタール以上必要だと言われています。

これだけ見ると、農家になるのは敷居が高く、実際なったとしても、続けていくのが大変と思われても仕方ありません。

私は石川県能美《のみ》市（県庁所在地のJR金沢駅から在来線で30分くらい）で自称「**日本一小さい専業農家**」**【風来《ふうらい》】**を営んでいます（通称「源さん」）。
どのくらい小さいかというと、**小さなビニールハウスが4棟、耕地面積は全部で30アール**（1ヘクタール＝100アール）です。ざっとサッカーコート半分くらい。通常の野菜農家のほとんどが3ヘクタール以上ありますので、その**10分の1以下の大きさ**になります。

初期投資は143万円だけで、今日に至るまで、借金をしたことも、補助金をもらったこともありません。

労働力は夫婦2人だけ。稼ぎとしては、50品種以上の少量多品種の野菜栽培で野菜セット、漬物・お菓子加工、店舗直売やネット販売により、**年間売上1200万円、所得（利益）600万円**。

大儲けというレベルではないかもしれませんが、命の源である食を育てているということで、買っていただきながら感謝の言葉を多くいただいたり、**夫婦＋子ども3人**との時間を持て、無理なくできる。そんな農的暮らしを堪能しています。

もちろん、大規模農業、大規模農家で補助金をもらうのがいけないのかというと、私はそうではないと思っています。

農地を守ることは、日本の大地を守ることにもつながります。

食の安全保障という観点からも、大きな田畑の農家にはもっと補助金があってもいいくらいだと思っています。

ただ、これから脱サラして農家を目指したり、農的暮らしをしたいという方は、可能な限り補助金や借金のないやり方をおすすめします。

借金のない農家ほど強いものはなく、補助金をもらわない農家ほど自由なものはないからです。

改めて考えてみると、「農家」という言い方もざっくりしすぎています。

規模もやり方も育てているものも違うのに、農産物を育てていれば同じ農家というのは無理があります。大規模農業には大規模なりのやり方が、小さい農家には小規模なりのやり方があります。

私は大学卒業後、サービス業へのあこがれからバーテンダーになり、その後、オーストラリアに1年間遊学しました。そして、帰国後、とあるビジネスホテルチェーンの支配人業を務めました。

バーテンダー時代にサービス業の基礎を、オーストラリアでは日本を離れて客観的に見る目を、そしてホテルマン時代には経理や簿記の技術、マーケティング、ＩＴの技術をそれぞれ得て、それらがすべて今の糧《かて》となっています。

そういった経験をすべて活かせるのが「**小さい農**」です。

農家になろうと最終的に思ったのは、サービス業の視点で見ると、十分ビジネスチャンスがあると計算できたからです。サービス業の視点とはつまりお客様目線。

農産物を販売する農業は、どうしても川上からの目線になりがちですが、そのできあがるものに対して、原材料から育てているんだという**川下からの発想**が大事です。

具体的に「風来」の場合は、キムチからスタートしました。

私の母は、いわゆる近所でも評判のおばさんといった感じで、漬物などをたくさんつくって配ったりしていました。

中でも日本人の口に合うキムチが評判で、私にとってもソウルフード。キムチに合った品種の白菜、にんにくを自分で育て、自家製キムチをつくったわけです。

キムチの「タレ」から語る漬物屋さんは多くても、**キムチを「種」から語れるのは農家だけ**……（現在「風来」では、漬物用の野菜は外部委託したもの、近所の農家のものも使用しています）。

売り方もお客様目線、川下からの目で見ました。

漬物なら、どのような量なら食べやすいか、手に取りやすいか、野菜セットならどんな野菜が入っていたら、こんだてが立てやすいかなど……。農家の都合を押しつけず、**いかにリピーターになってもらえるかを第一**に考えました。

そして今、個人が小さく起農できる状況がそろってきました。

食の安全性への意識の高まり、農への理解、ＩＴやネット環境の充実……特にフェイスブックをはじめとするＳＮＳは、まさに農との相性が抜群です。

逆に、ビジネスパーソンを取り巻く社会情勢はますます厳しさが増しています。非正規雇用の増大、東芝、シャープのような大企業であっても経営不振に陥る時代。社会保障費も減額され、年金もどれだけもらえるかわからないなど先行き不安だらけ。

一方、地に足をつけ、直接「食」を得られる「農」は、何にも代えられない安心感がありますし、定年はなく、身につけた知恵は誰にも奪われません。

これまで就農や農的暮らしというと、売上・利益度外視の自然回帰、あこがれという部分が大きかったかもしれませんが、これからは**将来への〝第2の井戸〟**として、安心感の醸成、将来不安のリスク分散ととらえる——そんな時代になってきたと思います。

経験もない、資金もない、大きな農地もない、販売ルートもない——そんな〝ないないづくし〟の元会社員がゼロから起農したからこそ、固定概念にとらわれず、農にチャンスを感じられました。

現在会社員で農にあこがれはあるが、敷居が高いと感じている方、農家になったけど、なかなかうまくいっていない方、新たなビジネスの芽を探している方に、本書が少しでもお役に立てればと思っています。

実際、風来に話を聞きにきて起農している人が全国にいます。ただし、風来では、長期研修を受け入れたことがありません。

どういう意味かというと、**技術ではなく考え方次第**で、小さくても農業で稼ぐことができるということです。もちろん、技術も大切ですが、技術が最優先するのなら、**〝技術ゼロ〟から始めた私**が今こうしてやっていられるはずがありません。

新規就農時の研修で車を路肩に落とし〝**脱輪王**〟の異名をつけられ、何度も「落第！」と言われた私が、これまで培ってきた考え方、気づいたこと、実践してきたことを、新規就農者や農家仲間の事例も併せて、余すところなく紹介していきます。

農の無限の可能性を感じていただき、**農で幸せに稼ぐ人**がたくさん出てくる。

本書がそんな手助けになればと願っております。

２０１６年８月吉日

西田《にしだ》栄喜《えいき》

『農で1200万円！――「日本一小さい農家」が明かす「脱サラ農業」はじめの一歩』　目次

PART 1 小予算から農をベースに起農する5つの戦略

PART 2
「スモールメリット」でリスク最小・効果最大限！「日本一小さい」を武器にする

PART 3

風来式「栽培・加工・直売・教室」の全技術一挙公開

栽培技術

加工技術

直売技術

「知恵」の教室

PART 4

「小さい農」はじめの一歩

――ビジネスプラン、農機具、資金調達、直売コピーの裏ワザ

PART 5
「農」でパラダイムシフトを起こす

プロローグ

初期投資143万円、借金ゼロで起農！ なぜ、「また食べたい」と全国から注文が殺到するのか？

2800円の送料をかけても、2000円の野菜セットを買ってもらえる理由

私は、もともとサービス業が好きで、バーテンダーの後、ビジネスホテルチェーンの雇われ支配人になりました。

バーテンダー時代に「サービス業の使命は、お客さんを幸せにすること」というサービス業の基礎を学びましたが、ホテルの支配人時代は「前年対比アップ」「経費削減」など、数字の「ノルマ達成」に疲れ果て、逃げ帰るように石川県の実家に戻りました。

そこで、再起をかけてゼロから始めたのが農業。帰郷して1年後に「無農薬野菜風来」を開業したのです。

そして今、全国から注文をいただいています。

中には、2800円の送料をかけて沖縄から2000円（税抜）の野菜セットを買われる方も少なくありません（ちなみに関東・関西は送料840円）。

また、北海道の方で、1890円の送料をかけて2500円（税抜）の野菜セットを毎週買われる方もいます。

1円でも安いコストをという時代に、不思議ではないでしょうか。

それこそ、北海道には野菜もあふれていますから、なんだか申し訳なくて、あるとき、「なぜ、わざわざ高い送料をかけてまで風来の野菜を買っていただけるのですか？」と聞いてみました。すると、こういう答えが返ってきたのです。

「3歳の息子が野菜嫌いで困っていたのですが、風来さんの野菜だけはバクバク食べる。こちらこそとても感謝しています」

まさにやりたかったサービス業がここにあった、と実感しています。

「農家を目指すな、〝百姓〟を目指そう」

これは、今、就農希望者にお話しさせていただく際に必ず言うことです。

百姓とは**百の仕事ができる**ということ。百姓は昔から「田んぼをするなら畑もしろ」「畑をするなら漁に出ろ」「冬は縄を編め」と言われてきました。

自然相手の農、いつ何があるかわかりません。

つまり**百姓という文字は、リスク分散**からきているのです。

これからは農家といっても、作物を育てて売るだけでは難しい時代です。

もちろん、果樹や単収入の高い野菜を集約的に育てる方法もありますが、そうなると初期投資もかかりますし、どうしても大規模にならざるをえません。

私のように、50品種以上を育てる多様性のある農業なら、小規模でできるのでリスクも少なくなります。

今すぐ「第2の井戸」を！日本のリスクが高いこれだけの理由

今の日本は、とてもリスクの高い社会になっています。

そう言うと、ピンとこない方もいらっしゃると思いますが、わかっているだけで年間約2万4000人（2015年）もが自殺してしまう、先進国の中でもかなり多い数字を前にして、この国をリスクが高いと言わずしてなんと言うのでしょうか？

多くの会社員の方々は、収入源が会社からの給料だけというのがほとんどでしょう。

私も以前そうだったからわかるのですが、収入源がひとつだけだと、会社への依存度がどうしても高まります。

私が今こうやって農家をやっていられるのも、帰ってこられる家があったからこそです。

同居や田舎暮らしがすぐにできなくても、「**第2の井戸**」、つまり別の収入源があるというのは、収入そのもの以上に精神的に豊かに暮らすことにもつながってきます。

実際、農家になってみて、文字どおり地に足をつけている力強さは、他には代えられない「安心感」があります。

リスク分散という視点で見ると、アルバイトでもなんでも副業がひとつあればいいと思えますが、これからは農をベースにというのが私の持論です。

食を直接得るというのは、なによりのリスクの分散になりますし、基礎産業である農は応用がききます。

今の日本だからこそ、**したたかに生き抜いてきた百姓的発想**が必要なのです。

オーストラリアをオートバイで一周したときの気づき

それでは、実際私がやっている**日本一小さい専業農家「風来」**は、どのように生まれたのでしょうか。

まず、日本では「小さい農」が向いている、いや大規模農業は向かないと感じたのが海外でのこと。

就農するずっと前に1年間、ワーキングホリデーでオーストラリアに行っていました。

最後の1か月、オートバイでオーストラリア中を旅行したのですが、そのときによく使っていたのがファームステイ。

これは、登録してあるファームで半日農作業を手伝うと、宿・食事代がタダ、中にはお小遣いをくれるなんてところもあって、そういったファームを転々としていました。

どこのファームも見渡す限りの農地。比喩でもなんでもなく、地平線まで続いていました。

肥料のやり方もヘリコプターやセスナを使い、ハーベスター（収穫機）も幅20メートルはあろうかというような、日本では見たこともない超大型機械がそろっていました。

ちなみに、日本の農家の一戸あたりの平均経営面積は2・27ヘクタール、総農地面積が456万ヘクタールに対し、オーストラリアの平均経営面積は2970・4ヘクタール（日本の1308倍）、総農地面積が4億903万ヘクタール（同89・6倍）となっています（出所：農林水産省「農業構造動態調査」「耕地及び作付面積統計」「USDA／NASS資料」「Australian Commodity Statistics」）。

日本の農政でも、農地の集約、大型化を進めていますが、まさに桁違いです。

こういった農業を目の当たりにして、いくら効率化したとしても、価格競争ではかなわないと実感しました。

そして、日本で農をやるなら、別の価値を出すしかないと思ったのです。

価格で勝負するのではなく、味や安全性を訴求する。量より質、そのためには大きさを求めない。栽培、加工、販売を目の届く範囲でやる。そこからしか付加価値は生まれないと思いました。

初期投資額143万円で、なぜできたのか？

今、普通に農業を始めると、初期費用で平均1000万円かかると言われています。ビニールハウスの設置費やトラクターなど、それだけでも何百万円の世界です。しかし、小規模農業で最初から加工、販売まで視野に入れると、そろえるものがまったく変わってきます。

起農当時（1999年）に最初に買ったのが、パソコンとプリンタです。当初、漬物の袋に貼るラベルや原材料表示シールを印刷するために購入したのですが、これらが15万円。

次に購入したのが、漬物などを入れた袋の封をする脱気シーラー（15万円）、2坪の大型冷蔵庫（75万円）、小型の氷温冷蔵庫（中古で5万円）、最後に農業機械の管理機（乗用でない耕うん機の小型版）を10万円で購入しました（途中でさらに小型の管理機をヤフーオークションにて3万円で購入、今はこちらをメイン機械にしています）。

そして加工場は当初、母屋の車庫を利用。地域の保健所の方に教えてもらい、天井を張り、蛍光灯を設置して、廃業した料理教室の料理テーブル（テーブルの片方にガス台があり、反対側がシンクになっているもの）を設置して改造費が合計5万円。これに漬物樽や重し、鍬《くわ》や鎌《かま》など農機具が15万円です。


これらで**総額143万円**。

農家としてではなく、何か起業すると考えてもかなり安くついたと思います。

これらは前職での貯金でまかなうことができました。

現在、パソコンやプリンタも安くて高性能なものも出ていますし、ネットショップやネットオークションを活用すれば同じようなものをそろえても、**総額100万円でおつり**がきます。

「小さい農」で稼ぐには〝引き売り〟がキモ

規模拡大ではかなわないと思わされたオーストラリアでの体験でしたが、「小さい農」の可能性を教えてくれたのもオーストラリアの農家の方でした。

ファームステイ時に、日本の農業スタイルで「兼業農家」というものがあると話すと、

「そのスタイルは私たちには無理、仕事のある都市部まで車で片道3時間かかる。安定という意味では、そういったことができる君たちがうらやましい」

と言われました。

確かに、日本は各都道府県に中心となる都市があり、人口1万人を超えた町が点在しています。

そしてコンパクトなうえに流通網が発達していて、通販にしても発送翌日、または翌々日に全国どこでもほぼ届きます。

クール便も充実していて生鮮品も送れる。ネットで生鮮品を販売できる国はそう多くはありません。

こういった環境がそろっている国というのは、世界的に見ても稀《まれ》。

しかも平均的に見たら、**農産物を世界のどこより高く買ってくれる国**でもあります。

そして、そんなメリットを最大限に活かせるのが、**直売**です。

風来では、キムチ用の白菜をつくり、**母親から教えてもらったキムチづくり・販売からスタート**しました。

生鮮野菜と違って加工品は、なかなか市場で採ってくれないので、売り先を見つけることから始めました。

近所のスーパーに置いてもらえないかとよく通ったものです。

中でも鍛えられたのが「**引き売り**」。

引き売りとは、路上で移動しながら、呼び込みをして食事を提供したり、物品などを販売することです。

風来の場合も、起農当初、実店舗もなかったので、軽自動車のバンに漬物と野菜を積んでよく売りに出かけました。

このとき、実際に売りに行ったことが自信にもつながっています。

ネット販売中心となった今でも、その頃の経験が大きく役立っています。

「小さい農」を始めるときには、**まず「引き売り」**をしてみることをおすすめします。

1の売上を10に！6次産業化で「ついで買い」を誘う仕組み

今、各地に大規模な野菜直売所が増えています。

その数は日本一のコンビニチェーンに迫る約1万6000店以上！

ということで、以前と比べ、育てた野菜を売るのはさほど難しくない時代になりました。

こういった大型直売所の数か所に野菜を置いて、生計を立てている農家も急増しています。

それでも私は、ダイレクトにつながり、レスポンスを聞ける「直売」をどんどん増やしていくべきだと思っています。

わが風来の耕地面積は、**通常の野菜農家の10分の1以下**。

つまり普通にやっていたら、通常農家の10分の1の売上になります。

1の売上を1・1とか1・2にするなら、今やっている方法の延長線上で行けるかもしれませんが、**1の売上を10にしようと考えると、発想を根本的に変える必要**があります。

果たしてそんなことは可能なのでしょうか？

でも、直売を起点にすると、十分可能です。

2013（平成25）年度における農業・食料関連産業の国内生産額は、97兆5777億円。そのうち、1次産業は11兆3772億円、2次産業は34兆8996億円、3次産業は46兆1008億円。つまり、基幹産業である1次産業の売上が最も低く、1割程度（10・5％）になります。

ということは（極端ですが）、**農産物（1次産業）を加工（2次産業）して直接販**

売（3次産業）すれば（1次×2次×3次＝6次産業）、売上を10倍にすることも十分可能であることがわかります。

風来で現在取り扱っている商品は、大きく分けると、野菜セットなどの「生鮮部門」と漬物、風来ママのお菓子などの「自家加工部門」、そして農家仲間や自然食品卸さんから卸してもらい販売している「仕入販売部門」の大きく3つに分けることができます。

少し前まで売上額は、「生鮮部門」400万円、「自家加工部門」400万円、「仕入販売部門」400万円の合計1200万円でした。

今も総額は変わっていませんが、「生鮮部門」450万円、「自家加工部門」450万円、「仕入販売部門」300万円で推移しています。

お客さんと直接つながることで価格競争に巻き込まれにくくなり、信頼関係ができあがると、たくさん買っていただけるようになります。

風来の場合、入口は野菜セットの方が多いのですが、せっかくならと漬物や風来ママのシフォンケーキ、農家仲間の商品や無添加調味料などの「ついで買い」でお客様当たりの単価がグッと伸びますし、お中元、お歳暮の時期などは贈り物としてセットでまとまった注文が入ります。

命の時代に農は欠かせない

そして2012年から、「安心感」から「安全」をキーワードに、**無肥料栽培**に全面切替え。当初苦労もあったのですが、このおかげでさらにお客様が増え、野菜セットの発送がコンスタントに1～3週間待ちになり、今の形に安定してきました。

ネット販売は、お店とお客さんの対話というより一方通行のケースが多いのですが、風来では、通常ありえないほどのメールを直接いただいています。

買っていただいて感謝までされる——まさに**幸せに一番近い産業**になりえると実感しています。

時代は欲望がつくります。

どんなに技術が発達しても、飛びたいと思わなければ、飛行機はできなかったでしょう。

そして、その時代に求められているものが、売上、企業の業績に反映されてきます。

今は公表されなくなりましたが、最後に長者番付が新聞に載ったときの1位は健康食品会社の社長でした。

高齢化社会の今、健康食品が売れているのは、いつまでも元気でいたいというあらわれだと思います。

その方々がさらに年を重ねるとどうなるか？

次は、少しでも長生きしたいと考えるのではないでしょうか。

そんなときには、普段食べている**食の質を問う時代**になってきます。

実際、風来でも、年々、年配の方や病気になられた方からの注文、また小さいお子さんを持つお母さん方からの問合せが増えてきています。

命と引き換えになったときは、価値判断が価格の「高い・安い」ではなくなってきます。


農業自体、私の就農時と比べても、ずいぶんイメージがよくなってきました。

これは環境というファクターも大きく影響していると思います。

環境の時代とはつまり「命の時代」なのですから。

命の時代に訴求した農が、これからますます求められるのは間違いありません。

小さなNEWファーマー続々登場

最近は、団体視察や講演でお話しさせていただく機会も増えました。

そのときに、「あなただからできたのでは?」とよく言われます。

光栄な言葉ですが、実際には、落ちこぼれサラリーマンだった私……。農業研修中も、何度「あなたは農家に向いていない!」と言われたか、わからないくらいです。

それでも、考え方ひとつで、**農には無限のビジネスチャンスがある**と信じてやってきました。

そんな風来に見学にきて農家になり、順調にやられている方も少なくありません。

私が何かを教えたというよりも、すごく小さな畑でもしっかりできていることに自信を持ってくれたようです。

熊本県で「**無農薬イタリア野菜 うさぎ農園**」をゼロから起農した、公務員の夫婦（夫が自衛隊員、妻が高校教師）がいます。ここでは、野菜はもちろん、オリジナルのドレッシングも人気で、ワーゲンバス（軽ワゴン）を改造し、あちこちのイベントに参加して、本当に楽しそうです。

また、金沢市で「**トモファームあゆみ野菜**」を起農したイケメン夫婦もいます。

こちらもまったくゼロから立ち上げ、野菜の直売、飲食店に配達というスタイルでリピーターも多く、イベントを呼びかけると、50名以上すぐ集まるという農業界のホープです。

そして、農業普及員を退職後に独立起農された方（こちらは農家の先輩）は、お米と花を中心に、「**貸し菜園**」というスタイルを確立し、いつも満員御礼。菜園にこられる方とのつながりも深く、これも新しいスタイルでしょう。

それぞれ順調なのは、**お客さんと直接つながっている**のが大きいと思います。

もちろん、それぞれ大変なこともあるとは思いますが、自分たちの生活の豊かさを起点に、**もっともっとの「拡大思考」ではないことも共通**しています。

まさに、考え方、発想の転換次第で農をやれる時代になってきました。

いよいよ従来の固定概念に縛られずに、**小さいからこそキラリと光る面白い時代**になってきたのです。

PART 1

小予算から農をベースに起農する5つの戦略

資金も経験も広い土地もない私が、脱サラ農家になると決めたとき、心がけたのが次の3つです。

- **農業への「固定概念」を捨てる**
- **しっかり「稼ぐ」ことを考える**
- **農業は目的でなく「手段」である**

まずはこれまでの農業の常識を疑うことから始め、しっかり稼ぐことを目指しました。「農的暮らし」と言うと、お金のことは後回しという風潮もありますが、それでは長続きしません。

そして、農業はあくまでも手段であって、目的は家族が幸せになること。これを忘れてはいけません。「楽＝幸せ」とは思っていませんので、楽をする農業を目指したわけではありませんが、いいことをしているからといって、休みもなく働きづめで苦労するのも違うと思いました。

広大な農地があり、しっかりとした栽培技術のある既存の農家でも、「生き残っていくのは大変」と言っている現在、ゼロから始めて同じやり方をしても、食べていくことはとうていできません。

大規模単作栽培に対する少量多品種栽培。それにさらに加工、直売、教室など多様性を加えたのが風来流の「小さい農」、つまり「**小規模多様性農業**」です。

そして実践していく中で、**小規模多様性農業**ならではの「**5つの戦略**」が見えてきました。

戦略1 〝借金なし、農薬なし、肥料なし、ロスなし でストレスなし〟

◉なぜ、借金・補助金は危険なのか?

一般的にゼロから起農しようと思ったら、1000万円かかると言われています。稲作農家はその倍です。そこで借入れ資金制度(借金)や国からの就農支援制度(補助金)を使うのが一般的ですが、果たしてそれでいいのか? と思いました。

今の農業は固定資産の塊です。農業機械の場合、田畑で活躍する時間より納屋で寝ている時間が圧倒的に多いのが、なんとももったいなく感じました。

そこで、極力**所有を少なくし**、**ムダをなくせないか**を考えました。

その結果、風来では前述のとおり**初期費用を143万円**に抑えることができました。「小さい農」ならではのことですが、もちろん**借金なし、補助金なし**です。

補助金をもらわなければ、お上意識を持つこともないので、精神的に自由です。そして、この自由さが多様性につながっていきます。

今、新規就農者支援金などは、とても充実しています。しかし、もらえるものはもらったほうが得だと、その資金でスタートした農家が次々リタイアしていくのをどのくらい見てきたことか……。どうしても補助金は、甘えを誘発してしまいます。

補助金に頼らざるをえない場合は、その原資は税金であることを認識し、将来、税金でしっかり返すぐらいの気概がないと成功するのは難しいでしょう。

◉差別化を図る「無農薬」&「無肥料」栽培

風来では、起農当時から**無農薬栽培**です。

こちらは戦略というより私自身、食の安全性に興味があったからなのですが、まさしく素人農業、しかも当時は今ほど資材も栽培技術も発達していない中で、いきなり無農薬栽培に挑戦しました。当然、**失敗の連続**です。

うまくいっても収穫量は慣行栽培（化学肥料・農薬使用の一般的栽培方法）の7割、資材費は1・5倍なのに、無農薬だからといって、思ったより高くては売れません（せいぜい慣行栽培の1・2倍まで）。正直言って労多くして手元に残るものは少ないのです。

しかし、ネット販売や自店舗販売にシフトしていくと、差別化でき有利になります。また「野菜セット」があることで、それを入口に、漬物や手づくりお菓子もついで買いしてくれるので、看板としての役割は大きいものがありました。

現在では、そんな無農薬栽培を経て、**「炭素循環農法」**（**無肥料栽培**）を全面採用しています。当初苦労したのですが、有機無農薬栽培の頃と比べて虫がつきにくく、病気にもなりにくいため、防除作業が軽減されました。これにより、肥料代がかからず、

総コストもそれまでの5分の1以下になりました。

しかも安全性も高いということで、自信を持って販売できるようになりました。

こういった農法が出てきたこと自体、すごいことだと思いますし、大きな差別化が図れています（↓現在の風来の「炭素循環農法」については233ページ）。

◉「廃棄率ゼロ」が大事な理由

一説によると、一般的な野菜農家では、**収穫物の平均3割が廃棄**されているといいます。

理由は、サイズが規格外であったり、曲がったりしているなど、見た目が悪く市場で扱ってもらえないことや、豊作で市場に出しても採算割れする……など、様々です。

しかし、風来のように小さい畑だと、野菜ひとつひとつが貴重なもの。私は「もったいないの精神」で、**ひとつたりとも廃棄しないよう様々な工夫**をしてきました。

そのひとつが**加工**です。

漬物加工などは、付加価値をつけるためだけだと思われがちですが、漬物は本来保存食。一度に多く穫れすぎた野菜を漬物にすることで、**売上のピークをずらす**ことができるメリットがあります。

もちろん、多少見た目の悪いものも、漬物にすれば活用できるのでムダが出ません。また、野菜の単品販売はせず、野菜セット（2000円〈税抜〉〜）にして販売していますから、野菜をこちらが選べるのでムダが出にくくなります。

そして、売上の中心となっているネット販売は、言い替えれば**常に予約販売**です。その日の野菜セットの発送分だけ収穫すればいいので、店頭に並べて古くなった野菜を廃棄するようなロスがなくなります。なにせ野菜は畑に置いておくのが一番新鮮なのですから。

廃棄するということは、1円にもならないどころかそれまでの生産活動、かかった原価もムダにするということ。**廃棄率をゼロにすることは、売上、所得（利益）アップに直接つながる**のです。

戦略2 小さいほどいい「スモールメリット」を120%活かす

「スモールメリット」とは、スケールメリットの対義語で私の造語です。

そして、この「スモールメリット」を最大限に活かしているのが風来の「小さい農」です。

スケールメリットをひと言で言えば、「大量にものを仕入れることにより原価を抑え、販売もまとめてすることで経済的にメリットがある」ということでしょうか。

現在、このスケールメリットを求める経営が当たり前ですが、均一の品質の商品が大量にほしいとなると、原材料なら一番ボリュームのある中程度か、それより下の品質を求めることになります。

私が「スモールメリット」に気づいたのも、農業だったからこそです。

たとえば、風来のキムチの副材料として使用しているりんごは、農家仲間から安全なりんご（**市販されているものの10分の1の減農薬栽培**）を分けていただいています。少し傷ついて一般市場に出回らないものを安価で仕入れているのです。

大量に使用する場合は、こういったものは量も不安定でできませんが、小さい場合は少量でもＯＫ。ふぞろいなのも、規格外だからといって品質が悪いわけではありません。逆に「**○○さんのりんご使用**」とこだわりをうたうことができます。

そんな観点からすると、１次産業の代表である「農」は**可能性の塊**に見えてきます。なにせ個々の農産物は、本来すべて個々の農家がつくったオリジナルなものなのですから。

もちろん、私も最初からネットワークがあったわけではありません。農家同士のネットワークは徐々につくっていきました（↓そのコツも後述します）。

こういった有機的なネットワークは「小さい農」に欠かせません。牛肉や野菜のトレーサビリティ（食品の安全を確保するために、栽培や飼育、加工・製造・流通などの過程を明確にすること）が騒がれていますが、こういうつながりがあると、**人柄ごとトレーサビリティできる**ということで、買われる方にも安心感を与えることができます。

そして規模が大きいと、個人のキャラを出すことができませんが、小さければ小さいほど個人のキャラが出せます。

フェイスブックなどのSNSで個人が情報発信できる時代に、これは**非常に強い武器**になります。これもスモールだからこそのメリットです。

ノウハウ化、マニュアル化できるものは、スケールメリットのある資金力の大きいところが勝つに決まっています。

しかし、これからの時代は、スモールだからこそ、他にはない**オリジナル商品**、そして**小回りがきく経営**ができるのです。

戦略3 栽培技術・加工技術・直売技術＋「知恵」の教室

風来では、当初から漬物をつくり、販売することを視野に入れて起農しました。

現在、国の農業政策では、農家の「**6次産業化**」を進めようとしています。

6次産業化とは、農林水産物を生産する1次産業、加工する2次産業、販売する3次産業、この1、2、3をかけ合わせてできた造語になります。

もとは多様化を進めるという意味だったのですが、こういった言葉は国が使いだすと、途端に固定概念化されてきます。

「野菜農家は漬物をつくって売ればいい」

「米農家は冬場に餅をつくって売ればいい」のように。

まるでこういったことをすれば、将来はバラ色であるかのように……。

それで加工場設立や運営補助金が出たりするのですが、補助金がなくなると同時に立ち行かなくなるというところも少なくありません。


一般的な農業経営からすると、少し変わったことをしているせいか、風来には、なぜかときどき農林水産省の方がやってきます。

そんな中、農水省の6次産業化専門官の方がこられたので、いろいろ質問してみました。

風来は、補助金や支援金を一切もらっていないので、こういったときは言いたいことが言えます。

一番聞きたかったのは、「国が支援して6次産業化した農家が、それ以前と比べて（売上ではなく）**所得（利益）がどうなったか？**」ということ。ズバリ訊いてみました。

すると、

「そんな調査、考えたこともなかった」

とおっしゃるではありませんか。

農家が加工、販売するのは手段であって、忙しくなるのではなく**所得（利益）を増やす**ことが目的なはず。なのに、現在の6次産業化において、**決定的に足りないのが直売技術**です。

何が売れるのか？　いくらで売ればいいのか？　いくつ売れば利益が出るのか？

本来はそこから考えなければいけないはずですが、なかなかできてないのが現状です。

栽培技術、加工技術、直売技術、それぞれ大切ですが、**もっと大切なのは、それらのバランス**です。

風来では、栽培技術、加工技術、直売技術の3つの技術の他に、4つ目の技術として、**「知恵」の教室の販売**にも力を入れています。

農産物は〝有限〟ですが、知恵は〝無限〟です。

そしてこの面白い時代だからこそ、農家が昔から持っている知恵、たとえば味噌づくりや梅干、しめ縄づくり、畑の栽培技術など、時代に求められているものをどんどん提供しているのです。

実際、菜園教室などを開催するたびに大盛況で、大事な収入源にもなってくれています（↓栽培技術・加工技術・直売技術＋「知恵」の教室の具体的実例はPART3で紹介）。

戦略 4

地方だからこその「プレゼン&コピーライティング」戦略

メディア、政治が一極集中の日本では、少し前まで様々な情報発信は東京からでした。健康番組で取り上げられたもの（たとえば寒天とか）が一時期、急激に売れるなんていうのはまさにその象徴でしょう。

しかし現在、ネットを通じて、世界中に個人でも情報を出せる時代になりました。これはまさに画期的なこと。そして、**農とネットの相性は抜群**です。

フェイスブックなどのＳＮＳで様々な情報が飛び交っていますが、面白い記事や役立つ記事はどんどん口コミでシェアされていきます。

しかも、農業はまさに自身が体験した１次情報の塊。膨大な情報があふれている時代だからこそ、地に足をつけたリアルな情報が求められています。

農業の場合、地方だからこそ強いのではないでしょうか。

ただ、せっかく個人が情報を出せる時代、農が輝ける時代になったにもかかわらず、農家自身が「昨今厳しい農業情勢ですが……」など、負のイメージの情報を出していたりします。これではあまりにもったいない。

暗い雰囲気と明るい雰囲気のお店だったら、明るい雰囲気のお店で買いたくなるのが人情ですね。

農家にとって栽培技術、加工技術はもちろん大切ですが、これからの時代、それらと同じくらい重要なのが**プレゼン力**です。

せっかくいいものを育ててつくっても、知られなければ存在していないのと同じですから、自分ならではのキャッチコピー、そしてコンセプトを考えなければいけません。

風来のキャッチコピーは「**日本一小さい農家**」ですが、このキャッチフレーズのおかげでどれだけ得してきたことか……。ラジオ、テレビ、新聞、雑誌の取材もこのキャッチコピーがきっかけというのがほとんど。そして、なにより風来のことをすぐ覚えてもらえるのがいいのです。

農家の勉強会というと、どうしても栽培技術、直売技術のものが多くなりますが、こういったプレゼン力を磨く勉強会があってもいいと思います（→「プレゼン＆コピーライティング戦略」については216〜222ページ）。

戦略5 この時代だからこその「つながり・巻き込み力」

風来を始めた当初、ごく近所のスーパーに、一時期漬物を置かせてもらったことがあります。

距離的には自宅から本当に近かったのですが、うんともすんとも反応がありませんでした。

お客さんも特に意識せずに買っていたでしょうし、店員さんにとっても数ある商品の中のひとつにすぎなかったのでしょう。

当たり前なのかもしれませんが、サービス業出身の私としては手応えがなく、さびしいものがありました。

ところが、ネット販売のお客さんはすぐに反応を返してくれました。

もちろん、その方の顔を見たことはありません。でも、交流はあります。

果たして、距離は近いが反応がないお客さんと、距離は遠いけど反応を返してくれるお客さん。精神的にどちらのほうが近く感じるかというと、圧倒的に後者の方です。

そんなこれまでにはなかった関係性を、私は〝**知域**〟と名づけました。

もちろん、顔が見えたうえで交流もある「地域」が一番精神的に近いのですが、人口の少ない地方で先進的なことをすると、最初はなかなか大変です。

そこである程度、**足腰が強くなるまで〝知域〟を広げ、そして「地域」に帰ってくるのが無理のないやり方**だと実感しています。

規模が小さいからこそ、個々のつながりを意識する。

そんなこともあり、風来のホームページ（以下ＨＰ）は、**わざと、ひと昔前のおだ**

やかなつくりにして、できるだけ声を届けやすいように心がけています。

デジタルの世界ですと関係性は希薄になりがちですが、風来には、メールやHPの掲示板への書き込み、また、フェイスブックで感想を寄せてくださる方がたくさんいます。

ワンクリックでものが買える時代。システム、品ぞろえで大企業と対抗しようとしても無理がありますが、逆にSNSを通じた対応は、**個人のキャラを出している小さいところしかできません**。

誰もが人とのつながりを求めている時代。

先に「補助金はできるだけ受けないほうがいい」と述べましたが、その代わりに、起農資金、つまり、ステップアップのための資金集めのために「**クラウドファンディング**」も有効です。

クラウドファンディングは、従来の資金調達方法に比べて個人が簡単に、より多くの人から短期間で資金を集める方法として注目を集めています。

風来でも、**2回活用**させていただきました。

補助金にはしがらみがついてきますが、クラウドファンディングは応援してくれる方からの支援金とご縁がついてきます。（↓クラウドファンディングについては、巻頭カラー口絵8ページと177ページ）。

クラウドファンディングも、農業への支援は成功率が高いそうです。

世間の農への見方が、以前と比べてずいぶん変わってきたことを実感しました。

6次産業化のように、加工で付加価値をつけるという方法もありますが、私は**農家の最大の付加価値は農家であることそのもの**だと思っています。その最大の価値を活かすべく、様々なつながりの場を提供しています。

ここまで、**小規模多様性農業ならではの5つの戦略**を述べてきましたが、これらはすべて私自身が実践してきたものです。

インターネット時代の今、やり方次第で「小さい農」が輝けるようになってきました。

次のPARTからは、その具体的なノウハウを、より深く掘り下げていきましょう。

PART 2

「スモールメリット」でリスク最小・効果最大限！「日本一小さい」を武器にする

日本の農業にスケールメリットはあるか

私が「小さい農」をやろうと思ったとき、まず考えたのが、大きな農業に太刀打ちできるか？——つまり、日本の農業にスケールメリットはあるかということでした。

大規模にやることでコストが半減されるなら、価格的に見ると、「小さい農」は大規模な農業にかないません。

そこで調べたのが、農林水産統計データの公表資料「農業経営統計調査」（現在はネットで閲覧可 http://www.maff.go.jp/j/tokei/kouhyou/noukei/）。その中の「農産物生産費統計」を見ると、最新データで面白いことがわかりました。

稲作で見た場合（２０１４年）、少し大きな兼業農家クラスの耕地面積２～３ヘクタール（以下、小規模）と大規模とされる耕地面積15ヘクタール以上のところ（以下、大規模）を比較したところ、それぞれ10アールあたりの機械代が、小規模が2万71 8円に対し、大規模が2万816円とほぼ変わらず、肥料代が小規模で9181円、大規模で8929円と、こちらも大差がありませんでした。

ただ、総コストが小規模で12万9927円、大規模で10万3612円とやや違ってきます。

この違いは、ほぼ人件費の差です。

つまり、購入する原材料（種苗・農薬・肥料など）や機械投資額は、大規模でも小規模でも、**面積あたりでかかる費用はほぼ変わらない**のです。

ということは、**人を雇用しない家族経営なら、やり方次第で十分勝負できる**というわけです。

現在、大規模稲作農家だと、50～100ヘクタールが当たり前になってきていますが、考えてみると、農業にスケールメリットがあるとしたら、2～3ヘクタールクラスの小規模農家と比べて大規模農家は米を安価に出荷できるはずです。

パン製造などの加工業なら、規模が50倍違うと、半額ぐらいで売っても十分ペイできるものもありますが、農業でそれをやったら再生産価格（発生した利益で事業が継続できる価格設定）に届かず、すぐにつぶれてしまいます。

人件費、機械代、土地代と、コストが他国と比べて比較的高い日本で、規模を拡大すれば表面上の売上は上がるが、手元に残る利益は決して多くはないのではないか？脱サラする際、私はそんな仮説を立てました。

すると、日本の場合、家族でできる農業、稲作であれば、10〜15ヘクタール、畑作の場合は2〜3ヘクタールが、最も収支のバランスが取れていることがわかりました。ちなみに、大規模の場合、稲作で30ヘクタール以上、畑作で10ヘクタール以上になると人的コストが有利になりますが、その間の規模では高コストになってしまいます。

風来では、こういった考えをベースに、加工、セット商品の開発、廃棄率ゼロ、直売を加え、さらに小さい面積でできるようにしました。

気になる農家の「手取り収入」は？

一般的な市場出荷型農業の場合、気になる農家の手取り収入は、どのくらいになるのでしょうか？

農林水産省の「食品流通段階別価格形成調査・青果物経費調査」（２０１３年度）によると、青果物（調査対象16品目）の小売価格に占める生産者受取価格の割合は、45・８％（流通経費は54・２％、内訳は集出荷団体経費15・３％、卸売経費４・７％、仲卸経費８・８％、小売経費25・４％）となっています。

つまり販売価格１００円の野菜では、農家に支払われるのが46円（小数点以下四捨五入）、そのうち農業経費は約7割（46円×０・７＝32円）かかるので、農家の**純利益は14円**となります。

たとえば、キャベツの平均小売価格は150～200円ですので、キャベツ1玉あたりの農家の純利益は**21～28円**となります。先に、日本の農家の平均年収が200万円だと述べましたが、キャベツの場合、その金額に達するには7万1000～9万5000玉を卸さなければなりません（しかも見た目のいいものを）。

数字が語る「スモールメリット」の考え方

スケールメリットの場合、この経費の部分(販売価格100円の野菜の場合は32円)を大量仕入れ等でいかに下げるかがカギになります。

確かに、何万個も出荷するのであれば、1円でも下げれば効果はあると思いますが、前述のように、農業では経費的にスケールメリットを出すのが難しいのが現状です。

では、農業経費のほうではなく、流通経費を丸々自分のものにしたとしたら……。

市場に出している販売価格100円のものと同程度のものを直売すると、100円

（販売価格）−32円（農業経費）＝68円。これだけで市場に出すより**約5倍の利益**が残ります。

さらに、無農薬など、こだわりをつけて販売価格自体を高くできたら……規模が小さくても十分にやっていくことが可能になります。

机上の空論では？　と思われるかもしれませんが、大規模の場合も自然災害、気候リスク、市場リスク（価格暴落）などを考えると、小規模のほうがメリットが多いと実感しています。

そして実際に小規模経営をしていくと、**さらなる「スモールメリット」**があることに気づきました。

「3万円の家庭菜園用機械」で十分やっていける理由

農業機械や加工機械、加工場を大きくすると、必要以上に大きなものを購入してしまいますが、最初から規模は拡大しないと決めると、投資額の上限が決まります。

一般的な機械類は、大型になるとスケールメリットがきいて徐々に安くなるものですが、農業専門の機械となるとそうとは限りません。

私自身も、以前、中古なら大きくても安いからいいかと、トラクターを購入したことがありますが、故障して修理に出したら部品代、修繕費でとてつもなく高くついて後悔したことがあります。

そういった意味では、家庭菜園や家庭調理器具などの機械は価格も安く、機能を追加するオプションもたくさん出ています。

また、一般に普及しているので修繕も安価ですばやくできます。

現在、風来では、**家庭菜園用の管理機（3万円で購入したもの↓巻頭カラー口絵8ページ）がメインの農業機械**となっています。

今、全国的に農地は余っているので、農地を借りるのはそれほど高くはありません（土地によって事情は違いますが、だいたい10アールあたり年間1〜2万円ぐらい）。

そこで育てる品目を増やそうとすると、つい農地を広げてしまいがちですが、農地を広げると、それだけ農業経費（一般的な農業だと肥料代、機械代、農薬代など）と手間や時間がかかります。

一方、最初から農地を制限すると、不思議と知恵が出てきます。

風来は少量多品種生産ですが、さらに混植《こんしょく》（ひとつのうねでいろいろな野菜を育てること）をして野菜の種類を増やしています。

こういった混植をすることで、**違う野菜同士が助け合ってさらによい結果になる**こともあります。

大規模農業だと、大型機械が必要となってきますが、少量多品種農業だと小型機械で十分やっていけます（**逆に大型機械が入る余地がない**）。

また、多品種を育てると、病虫害、天候、市場価格に対するリスク分散にもなります（↓畑の活用についてはＰＡＲＴ３で詳しく）。

農家仲間からの「2番米」など、つながりが宝

スケールメリットのひとつに、「大量に原材料を仕入れるので原価が抑えられる」というのがありますが、最大公約数の品質では一番ボリュームのある中程度のものか、それより下のものになりがちです。

農産物の場合、キズや規格外品はつきもの。見た目だけなら品質が悪いことになりますが、味や安全性という面では悪いとは限りません。

先に、「スモールメリット」の例として、キムチの原材料となるりんご（低農薬でおいしいりんごの傷もの、規格外品のものを安価で分けていただく）に触れましたが、小規模の場合はこういったことがいくらでもできます。

たとえば、お米で粒が小さいものは「**2番米**」として分けられ、市場に流通してい

ないものがあります。

風来では、農家仲間からの2番米を購入し、**その米を粉にして（家庭用製粉機使用）よもぎ団子の原材料**として使っています。

市販されている国産の上新粉（普段食べるうるち米を粉にしたもの）が安いところで1万3000円／20kgですが、自分で粉にすると4000円／20kg（**70％ダウン**）。白玉粉（もち米を粉にしたもの）だと市販されているもので2万5000円／20kgですが、自分で粉にすると6000円／20kg（**76％ダウン**）でできます。

粉を引く手間はありますが、それに見合った以上の付加価値ですし、しかも市販のものだと国産ということまでしかわからないのですが、農家仲間から分けてもらったものだと地元産であること、そして栽培方法までわかるので、そのあたりもお客様へのアピールポイントになります。

また、米農家から出る、米ぬか、モミガラ、稲わらも、畑の農業資材として大切な役割を果たしてくれます。

視点を変えると、**捨てるものが宝の山**にもなるわけです。

こういったことは、効率を重視する大規模農業では決してできません。

小さいからこそ「スピード感」で勝負できる

風来では、**広告、販売促進（販促）、生産、販売、経理、経営、企画、出荷を、夫婦2人ですべてやっています。**

こう書くと、すごいことのようですが、これができるのは小さいから。

そして、できる環境がそろってきた、今の時代だからこそです。

近年まさに革命的に変わってきたのが、パソコンおよび周辺機器などのＩＴ機器。情報処理能力の飛躍的アップが個人商売においても強い味方になります。

ネット注文の場合、ソフト（もしくはシステム）を使えば、自動的に受注伝票、納品書、宅配伝票も作成できますし、何がどれだけ売れ、何を準備しなければならないかがすぐにわかります。

ものを売買するときに手間なのが、代金回収をどうするかですが、現在はクレジットカード払い、代金引換サービスも当たり前になり、そういったことに頭を悩ませたり、時間を使うことが少なくなりました。

広告、販促も、私の起農当初はチラシをつくって配り、ダイレクトメールなどの発送など、手間と費用がずいぶんかかっていたのですが、現在では風来のHPに載せてメルマガで知らせればOK。**家にいながらにして、ほぼ無償でできる**ようになりました。

「ズッキーニのからし漬け」を「旬野菜のからし漬け」にしたら人気商品に

また、風来では、当初から漬物などの袋に貼る表シールと原材料表示の裏シールは自前のプリンタで印刷しています。

表シールも業者を使うと、何千枚単位で頼まないと高くつくうえに納品まで時間がかかりますが、自分でデザインして印刷すれば、早く安くできます。

印刷スピードが速く、きれいに印刷できるカラーレーザープリンタ本体も、以前とは考えられないくらい安く（実勢価格1万5000円ぐらい）手に入るようになりました。まさに**プロ並みのクオリティが自宅でできる時代**になりました。

こういったことを組み合わせていけば、企画（思いつき）から販売まで、すぐにできるようになります。

以前、「ズッキーニのからし漬け」を試作したところ、おいしかったので、販売価格、内容量を考え、表ラベルと裏ラベルを作成。写真を撮り、文章を添え、HPにアップしました。この間、約1時間。まさに小さいからこそのスピードです。

ただ実際には、「ズッキーニのからし漬け」を販売したところ、当時はまだめずらしかったのか、ズッキーニというだけで「?・」が浮かんだようでした。

さらに、「からし漬け」で「??」となったのか、あまり売れませんでした。

こんなときも小回りがきくのが「スモールメリット」。

1週間ほどで販売中止にしました。

そして名前にズッキーニとつけずに味を想像しやすく、なおかつその時期だけのという意味を込め、**「旬野菜のからし漬け」**と変更し、表シール、HPを改定し販売。するど、あらら不思議。**季節の人気商品**になりました。

もし、表シールを業者に頼んでいたら、なかなかやめられなかったでしょうし、そもそも企画を実施することすらできなかったと思います。

小さいと人間関係もスムーズになる

新たに農業をやるということは、田畑のある地域に入るということです。

現在は全国的に耕作放棄地が増え、農家も少なくなってきたこともあり、以前ほど閉鎖的ではなくなりました。

それでも「出る杭は打たれる」というように、新しいことをやると目立つ業種でもあります。

そしてどんなに本人がこだわりの「農」と言っても、周囲と協力関係をつくらないと、農業用水が使えないなど弊害が出てきます。

地域社会あっての農です。

風来は、当初からかなり独自性のあるやり方をしてきましたが、それでも小さかったためか、「何かやってるな～」と周囲から見守られている感じでした。これも、「小さいからこそのメリット」と言えます。

数年続けていくと、地域のＪＡ（農協）に無農薬栽培の相談がくると、風来を紹介してくれるようになりました。

農業は職場（農地）を簡単に変えることができません。

いかに地域に溶け込めるかも大切。無理のない大きさでスタートすれば、信用が増し、人間関係がスムーズになります（↓詳細は162ページ）。

「晴耕雨漬け」と自分の都合で休める

家族経営だと大変だと思われがちです。

確かに、楽とは言いませんが、家族だからこそ気楽なところもありますし、なによりも時間に融通がきくのがいいです。

特に、農業は自然相手。農閑期という言葉があるように、季節によって仕事量は違い、天候によってもやることが変わってきます。

現在、農業も法人化が進み、出勤・退社時間、決まった曜日に休むところも増えてきていますが、そうすると、人間の都合に自然を合わせる形になってしまい、どこかに無理が出てきます。

農業の場合は、**自然のメリハリに人間が合わせる**ほうが効果的なことが多々あります。

私自身、雨の日に無理やり土を起こして、結果的に土を固くさせたなど多くの失敗をしてきました。

現在では「**農作業をしないのも農作業**」を旗印に、雨の日には休んだり、晴耕雨読ならぬ「**晴耕雨漬け**」**と漬物を漬ける集中日**にしたりしています。

また、夏（6〜8月）は朝4時起きになりますが（明るくて勝手に目が覚める）、冬（12～2月）は朝7時起きになったりと、1年の中でもかなりの差があります。

でも、そのほうが効率的で、体のリズムにも合っています。

最先端企業では、労働時間を画一的にしないほうが効率が上がると、柔軟な労働時間の運用が始められていますが、これは本来の農的発想だと言えます。

人を雇うとなると、この自然のメリハリに仕事を合わせるのが難しく、年間を通じて仕事をつくり出さなくてはいけなくなってしまいますし、雨の日に休みなんて悠長なことは言っていられなくなります。

でも、家族経営なら、家族が納得すれば、時間は自由ということで、子どものマラソン大会がある日は、少し早めに仕事を終わらせて応援にいきます。

また、時間があるときは、山に水を汲みに行ってそのままコーヒーやランチを楽しんだりしています。

現在、わが家では年に2回ほど家族旅行に出かけています。

この前も、小さい子どもたちへの経験ということで、冬に家族で海外にも行きました。

これも家族経営だからこそできること。子どもが成長するとなかなか親につき合ってくれなくなるので、行けるうちに行っておいてよかったと思っています。

「スモールメリット」を享受する3つのこと

さて、小さいからこその「スモールメリット」についていろいろ触れてきましたが、その「スモールメリット」を最大限に享受するには、

- **直売チャネルを持つ**
- **ネットワークを大切にする**
- **ITをうまく活用する**

の3つがとても大切になります。

特に、ネットワークづくりは、起農前から積み上げておくことが大切だと実感して

います。

農業者のみならず地域、異業種の方からもいろいろとヒントをいただきます。

どんどん外に出ていってつながりを持つのが大切です。

私自身、外に出るのが好きで、いろいろなところに顔を出していたおかげで想定外のご縁が広がりました。

当時は、仕事につながると企図していたわけではないのですが、今こうしてやっていけているのも、ご縁のおかげだとつくづく感じています。

PART 3

風来式「栽培・加工・直売・教室」の全技術一挙公開

「日本一小さい専業農家」である風来が、この大きさ（30アール、通常農家の10分の1以下）でやってこられたのは、**「栽培」「加工」「直売」を組み合わせた**からです。

この3つが風来の核になります。

これにプラスして欠かせないのが、農家ではまだあまりやっていない、**「知恵」の教室事業**です。

この「知恵」の教室は、農業にかかわらず、今とても可能性のある事業ではないかと思います。

ここでは、それぞれ私が実践してきたことを、失敗談を交えて具体的に紹介しましょう。

栽培技術

野菜は「法律」でなく「法則」で育つ

「はじめの一歩」に有効な2冊

風来では、起農当初から無農薬栽培でしたが、当時（1999年）はしっかりとした技術もそれほど確立されておらず、市販の書籍を片手に独学しました。

最初は、市販の有機質100％肥料を購入していましたが、とても高価（窒素、リン酸、カリウムなどの成分比率で見ると化学肥料価格の5倍）なのと、有機100％であっても原材料の素性がわからないものを使うのは無責任だという思いから、2年目から近所の養豚場からいただいた豚糞堆肥を土づくりのベースとし、肥料は自分でつくることにしました。

ちなみに、栽培技術の中で一番参考にした書籍は、**『図解 家庭菜園ビックリ教室』**（農山漁村文化協会）と、**『EMでいきいき家庭菜園』**（EM研究所）です。

現在、風来の農法は、これらの本に書いてあるものとまったく違いますが、それでもこの2冊は、網羅されている野菜の種類が多く、株間（野菜と野菜の植える間隔）や苗の植え方などがわかりやすく書いてあるので、**今でもかなり活用**しています。

起農して10年ほどの間は、この「豚糞堆肥＋自家製肥料」で栽培しました。当初は、収量も野菜によってバラバラで苦労しましたが、少しずつ施肥方法（肥料のやり方）などがわかってきて、3年目くらいから収量も安定してきました。

「炭素循環農法」とは？

就農13年目（2012年3月）からは、**「炭素循環農法」（無肥料栽培）**に切り替えました。その理由は、より安全な野菜を育てたいということと、それまでの農法だと害虫被害が多く、何か違うのではないかと思ったからです（↓虫がつく理由は238ページ）。

「炭素循環農法」とは、C／N比（炭素量と窒素量の比率）を上げるために窒素肥料を使わず、キノコの廃菌床やバーク堆肥、緑肥、雑草などを浅くすき込み、**キノコ菌などの糸状菌の働きを活発にし、窒素比率を下げる農法**です。

通常、野菜を育てるのに窒素が必要とされているので（化学肥料や有機肥料でも窒素量が一番重視される）、**通常の栽培とも有機栽培とも真逆の考え方**になります。

なぜ、そんなことができるのか？

山の樹は、人間が肥料をあげているわけでもないのに大木に成長しています。これは、落ち葉、枯れ木などの炭素資材を糸状菌が分解することで根に養分を与えているから（葉っぱが分解されるときに見える白い菌糸が糸状菌）です。「炭素循環農法」はその考えを応用したものになります。

と言われてもなかなかピンときませんよね？　私もそうでした。

これまでやってきたこととまるっきり違う農法なので、私も最初は信じられませんでした。でも、失敗を重ねるうちに、実際に作物が育ってくると、味もよく、安全なものができているので、今はいい農法だと実感しています。

もちろん、最初から簡単にできたわけではなく、試行錯誤も多々ありました。

現在、風来で実践している風来式「炭素循環農法」に関しては、やや専門的ですので後述します（↓233ページ）。

ここでは、風来ならではの「これだけは知っておきたい農業技術全般的なこと」を紹介しましょう。


風来はまさに少量多品種。1うねごとに野菜が違ってきます（↓巻頭カラー口絵2ページ）。

また、同じ野菜であっても、リスク分散の観点から場所を変え、時期を少しずらして育てます。

それができるのは、うねを固定した半不耕起（表面だけ耕す）だからこそ。普通は畑一枚という単位でトラクターで起こして、うねをつくり直します。

しかし、そうなると小回りがききません。

うねを固定しておけば、そのうねごとに野菜を切り替えることができます。

これによって年中切れ目なく、野菜を収穫できるのです。

トマト、ナス、きゅうりなどの夏野菜「混植」のコツ

風来では、野菜セットの販売が基本ですから、できるだけ多くの種類の野菜が必要です。

そんなとき、限られた畑での強い味方が「**混植**」です。

混植とは、ひとつのうねでいろいろな種類を育てることを言います。

大規模農業だと、そういったチマチマしたことはやっていられませんが、小さい畑ではこの**チマチマさがとても大切**です。

混植はいろいろな方法がありますが、風来では、夏野菜の場合、横には、**豆科**を組み合わせています。

そのうねのメインの野菜で夏は上に伸びるもの――たとえば、トマト、ナス、きゅうり、ピーマンなど（かぼちゃなどは横に広がり混植に向かない）の脇には必ずとい

夏野菜の横には「豆科」

っていいほど**枝豆**、**インゲン**を植えていいます。

また、秋から春にかけては、**にんにくとソラマメ**、**玉ねぎと絹サヤ**を組み合わせます。

肥料分の奪い合いになるのでは？ と思われがちですが、豆科は邪魔になるどころか、むしろ肥沃な土にしてくれるので、互いの成長の妨げにはなりません。

豆科があることで、野菜セットの彩りを増やしてくれるので、見た目にも欠かせない存在なのです。

考えてみると、自然界では1か所に何種類もの植物が育っています。ひとつの植物しかないほうが不自然。多様性という面でも、畑での混植は有効です。

ただ、気をつけているのが、**収穫の終わりの時期をそろえる**こと。片方の野菜、特にメインの野菜がもう終わってしまっているのに豆科の野菜があることで、畑の切り替えができなければ本末転倒です。

たとえば、玉ねぎと絹サヤの混植の場合、春にまず絹サヤを収穫します。同時に、葉玉ねぎを収穫。絹サヤがそのまま成長すると絹サヤ自体は食べられませんが、中の種がグリーンピースとして活用できます。

そして、グリーンピースの収穫の終わり期には、玉ねぎが収穫期になります。玉ねぎを収穫すると、そのうねが空くのですぐに切り替え、次の野菜を植えられるようになります。

お客様に喜ばれる野菜とは？

日本には、世界中から種が輸入されています。

ある意味、世界で一番、種のバラエティに富んだ国かもしれません。

最近人気のイタリアン向け野菜の種も、インターネットでずいぶん手に入れやすくなりました。

私の近くの直売所でも、その時期に豊作になる野菜が決まっているせいか、少しでも差別化を図ろうと、イタリアン野菜が並ぶようになってきました。

ただ、野菜セットを15年以上販売してきて思うのは、日本人は意外と食に対して**保守的**だということ。変わった野菜を入れて、クレームがきたことも多々ありました。

ですから、風来では、スタンダードな定番野菜を中心にしつつ、変わった野菜を入れるときは、調理法や味が想像できるものに限定します。

たとえば、白ナスやイタリアントマトなどです。

また、子どもが巣立った夫婦だけの家庭や、ひとり暮らしの方も増えてきたので、いわゆる重量野菜は敬遠され、ミニ白菜やミニキャベツ、ミニ大根など**小さめの野菜**が喜ばれるようになってきました。この流れは、ますます加速するでしょう。

種の選び方、小さい畑にはどういった農機具がいいか？　などは次のＰＡＲＴで紹介しましょう。

どこにこだわるか？

私は、これからの時代は、「有機」「無農薬」「無肥料」「自然」栽培などカテゴリ分けする時代でなくなると思っています。

無農薬栽培をしていた頃に、「なぜ、無農薬栽培しているのですか？」と聞かれたときは、「環境にやさしいから」など、いろいろな理由を答えていましたが、現在では「趣味です」と答えるようにしています。

農は自然相手ですから、その地域の気候、地形、地質が違ってくれば、結果もすべて変わってきます。

そんなこともあってか、ちまたには様々な農法があふれています。

どれが正解だとは一概には言えません。

ただ、私自身、散々いろいろな農法をやってきて今になって思うのは、農法はあくまで「方法（ツール）」にすぎないということ。

先に、安全でおいしい野菜が目的と書きましたが、そのひとつの指針として風来では**「硝酸態窒素」の含有量が低い野菜**（→硝酸態窒素については238ページ）を目指しています。

そういった野菜はエグミもなく、日持ちもするからです。

それにかなう農法であれば、どんどん取り入れていこうと思っています。

加工技術

加工は「付加価値」をつけるだけにあらず

加工する最大のメリットとは？

風来では、栽培だけでなく「加工」ありきで最初から起農したのですが、やっていくうちに、いろいろな加工の利点が見えてきました。

まず、農産物を加工することは、付加価値をつけて高く売るというのが一番の目的と思われがちですが、私の実感としては、**農産物の価値を下げないというのが一番のメリット**です。

というのは、生鮮食料品の場合、収穫時が一番価値が高く、時間が経つにつれ価値がどんどん下がるのが一般的です。ですから、旬の時期にきゅうりやトマトが豊作でダブつくと、全部売ってしまわなきゃと思い、どんどん安く出荷してしまいます。

そんなときに、きゅうりなら、まず塩漬けにしておき、時間があるときに酒粕で漬け、秋になってから「かす漬け」として**ゆっくりと販売する手法**があります。

また、トマトなら、いったん冷凍しておいて、時間ができたらジューサーにかけてトマトジュースやトマトソースに加工する。

そうすることで、あわてて安売りする必要がなくなります。

また、割れてしまったトマトは傷みが早く、生鮮品として販売するのは難しいのですが、中身はとてもおいしいので、まさにトマトジュースやソースにはうってつけ。

そういったものを活用することで、一切ムダがなくなりますし、お客様に安く提供できれば、両者のメリットにもなります。

また、加工のよさとして、小さい農家にとってありがたいのは、時間の融通をきかせられるということ。

農作業は時期や気候によって仕事量の偏りが大きいもの。雨の日に集中して加工したり、繁忙期が落ち着いてからやることが可能です。

これにより、時間を有効に使えるようになります。

農機具より一番先にそろえるべきもの

もともと漬物加工からスタートした風来ですが、農機具より一番先にそろえたのは**調理設備と調理道具**です。

購入した主だったものが2坪（幅360センチ、奥行180センチ、高さ230センチ）の**ウォークイン冷蔵庫**、**冷凍ストッカー**（幅135センチ、奥行72センチ、高さ84センチ）、そして**氷温貯蔵庫**（幅76センチ、奥行65センチ、高さ84センチ）です。

あと大きいものと言えば、起農5年目に購入した**オーブン付きのガスコンロ**です（こちらは結婚5周年のお祝いとして妻にプレゼントしたものでしたが、今では100％仕事用になりました）。

その他、ミキサーやフードプロセッサー、ハンドミキサーなどは、家庭用の中で大きめなものを使用しています。

調理器具もプロ用となると一気に高くなってきます。

ウォークイン冷蔵庫

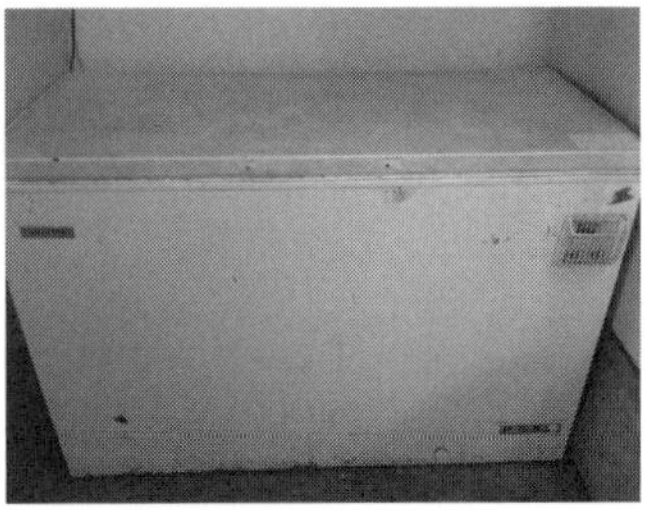

冷凍ストッカー

氷温貯蔵庫

オーブン付きのガスコンロ

コストパフォーマンスを考えたとき、風来ぐらいの使用量なら**家庭用で十分**です。

ウォークイン冷蔵庫は、初期投資や電気代といったランニングコストだけでなく、設置場所も必要になってきますが、加工品の保存だけでなく、**野菜の品質保持**にも大きな力を発揮してくれます。

通常の農家で持っている方は少ないのですが、しっかり用意しておくと、大きな強みになってきます。

風来の加工品人気ランキングベスト3

風来の加工品は、大きく分けて「**漬物部門**」と「**お菓子部門**」があります。

1 「漬物は買う時代」を見越した「漬物」戦略

風来の漬物の人気ランキングベスト3はこちらです（↓巻頭カラー口絵3ページ）。

- **第1位……白菜キムチ**
- **第2位……旬野菜ぬか漬け**
- **第3位……大根キムチ**

風来は、母親から受け継いだ白菜キムチからスタート。

タレをイチからつくっているので手間がかかりますが、ここは譲れません。

そんな手間の割に価格は安く設定していますが、そこは看板商品ということで割り切っています。

母から味を受け継いだときは甘みが強かったのですが、今では野菜の味を引き立てるべく**甘さ控えめ**になりました。

その他の漬物としては、大根のかつお漬け、旬野菜浅漬け、ぬか漬けなどがあります。

冬は北陸特産、かぶら寿しや大根寿しなど糀《こうじ》漬けのものもあります。

夏はサラダ代わりにあっさりした浅漬けやぬか漬け、冬は塩気、甘味の強い粕漬けやかす漬けなどがよく売れます。

浅漬けは、家庭にある調味料で簡単にできるものですが、風来ではそんな浅漬けがよく売れています。

今、改めて**漬物は買う時代**になったのだと感じています。

風来では、浅漬け、ぬか漬けはほぼ受注生産となっています。

ネットでの予約販売＋小回りがきくために、賞味期限の短い無添加でつくることができ、それがまたこだわりを演出。いい意味の差別化になっています。

あるとき、お客様から、「**あなたのところの漬物は野菜の味がする**」と言われて、「何を当たり前のことを……」と思っていたら、続けて「最近の漬物は目を閉じて食べると、グニャグニャしてもとの野菜がきゅうりかナスか何なのかわからない」とおっしゃいました。

これを聞いた瞬間、農家がつくる漬物の大きなヒントになりました。

農家だからこそ、野菜の味を大切に、そのよさを引き出すことを大切にしていかねばならないと思ったものです。

2　お菓子が安定経営に大きく寄与する理由

風来のお菓子の人気ランキングベスト3はこちらです(↓巻頭カラー口絵3ページ)。

- **第1位……シフォンケーキ**
- **第2位……よもぎ団子**
- **第3位……ガトーショコラ**

当初、お菓子はネットで販売していませんでした。

風来のお菓子は、よもぎ団子やかきもちを朝市や催事・イベントの看板商品として持っていったのが始まりです。

デパートのバイヤーさんから「催事会場で漬物屋は3軒以上あるとつぶし合うけど、

お菓子はどれだけあっても大丈夫」と聞いたことがありますが、まさにそのとおりだと思います。そんなお菓子を目当てにこられた方に漬物を試食してもらい、買ってもらうこともよくあります。

起農5年目にガスオーブンを購入したのをきっかけに、シフォンケーキを中心とした洋菓子の販売をスタート。こちらはネット専門です。

注文いただいてからひとつひとつつくるので手間がかかりますが、その分ムダがないので材料にこだわれます。

シフォンケーキの数種類は通年販売とし、これにガトーショコラやミックスフルーツのマフィン、さつまいものパウンドケーキ、シュトーレン（シュトレン）など季節変わりのメニューを用意しています。

ネット販売した当初、野菜とキムチとお菓子という組合せで買ってくれる人はいるのかな？　と思っていましたが、まさにお菓子は別腹。そういう方がけっこういて、お菓子のついでに漬物を買うという方も。また、同じお菓子でも店によって価格差があるので、風来では材料にこだわりつつ、安くはないがまた買ってもらえる価格帯を心がけています（→商品価格については【風来ＨＰ】http://www.fuurai.jp/order-1.htm をご覧ください）。

先に、よもぎ団子やかきもちはイベント専門でネットでは販売していないと述べましたが、「炭素循環農法」に切り替えた際、野菜セットが休止した期間に売上が激減したので、その穴埋めに毎週よもぎ団子をつくることにしました。

近所の直売所での販売がメインだったのですが、ネットで販売してみると、素朴な味わいがウケたのか、たちまち人気商品になりました。そのため、野菜の栽培が安定してからも、毎週つくり続けていて、それが安定経営の源にもなっています。

ちなみに、風来では**「菓子製造免許」と「惣菜免許」**を取得しています（漬物は保健所へ届出）。

この２つがあると、農家の加工品としてはかなりの範囲をカバーできます。

風来の労働力は1・5人

加工について触れてきましたが、漬物、お菓子に関して私は関与していません。すべて**妻の縄張り**です。

特に、「風来ママのお菓子」には手出しできません（よもぎ団子は水曜の朝に2人でつくっています）。私は畑仕事、収穫、野菜セット、その他のセット担当。いい意味で家内分業制となっています。

発送業務に関しては、前日の朝に翌日発送分のリストをプリントアウトしておいて、何をどれだけ用意すればいいのか、わかるようにしておきます。

こうすることで、都合のいいときに仕込み、準備できるようにしています。

妻は元看護師ですが、料理好き程度で本格的に調理の勉強をしたことはありません。子どもができ、家事をする中でお菓子づくりを趣味で始めて徐々にハマッていきました。東京と京都のお菓子教室に何度か習いに行き、その後実践を重ね、今に至っています。

また、子どもが小さいうちは、風来の仕事は半日にしてもらうということで妻と約束しました。ですから、風来の労働力は**1・5人**となります。

実際には、育児と家事をしながら自分のペースで翌日の準備をしてくれているので、完全に半日とはなっていませんが、仕事の合間でできるのも家族経営ならではです。

起農当初の妻は、畑仕事も手伝ってくれていたのですが、途中からは水やり程度で何かと理由をつけてノータッチ。少し不思議に思っていた頃、マスコミの取材があり、私が席を外したときに記者の方から「奥さんも畑仕事をしているのですか?」と聞かれ、「いいえ、私はしません」とキッパリ。その会話が聞こえてきて物陰で聞いていると、「私が畑仕事をできるようになったら、ダンナはあんな性格なので、呼ばれたら全国どこへでもホイホイと講演に行ってしまいます。私が畑仕事をできなければ、長期間家を空けるわけにいかないでしょう」と。その言葉を聞いて、妙に納得してしまいました（汗）。

ともあれ、家族だからこそ同じ仕事をしていると、つい厳しくあたったりしてしまいます。特に、畑仕事は状況ごとにやることもあるのでなおさらです。

そう考えると、こうやって役割分担しているほうが無理なく続けていける方法なのかもしれないと実感しています。

洋菓子か？ 和菓子か？ 利益から逆算した「原価率」を考えよう

6次産業化の目的のところで触れましたが、加工の目的は、忙しくなることではなく**所得（利益）を増やす**ことにあります。ここをきっちり押さえておかないといけません。

その視点で考えると、必要なのが**原価率**の考え方です。

風来ママのお菓子の中ではシフォンケーキや季節のスイーツが人気です。確かに洋菓子は売れるのですが、小麦粉などの原材料コストはかなりかかります。

また、サツマイモのパウンドケーキといった自家製野菜を使う商品も、洋菓子の場合、小麦粉、バター、卵などがほとんどで、材料費の比率で言うと1割にもいきません。最近では、バターなど乳製品も高騰するときもあり、油断はできません。

その点、日本人にとっての和菓子は、身近な材料でつくられています。

よもぎ団子やかきもちの主原料は米ですし、米なら農家ネットワークを通じていいものを低価格で仕入れることもできます。

風来の場合、**洋菓子の原価率は3割ぐらいですが、和菓子は1割5分ぐらい**となります。

ただ、洋菓子は和菓子に比べて単価が高く、人気もありますので、一概に和菓子のほうがいいとは言えませんが、そのあたりの**バランスを考える**ことがとても大切です。いくら売れても、手元に残る利益が少ないと意味がありませんから、常に利益ベースで考えてください。

直売技術

セット販売で単価を上げる、人柄ごと売る！

野菜販売の戦略

小規模多様性農業の中心にあるのが**直売**です。

キムチ製造、販売からスタートした風来。野菜は市場出荷できますが、漬物は市場で引き取ってもらえません。

そんなときに助かったのが、それまでに築いたネットワーク。

独立する前から農業青年会議（全国組織で各地の農業改良普及センターに事務所が置かれることが多い）に参加させてもらい、そこで知り合った仲間（が勤めている農業法人）の直売所数軒に野菜を置かせてもらいました。

今は各地に大型野菜直売所ができ、そういった単体農家の直売所も少なくなりましたが、ひとまず置かせてもらい、つくった商品が実際に売れたということで大きな自信になりました。

大型直売所にも漬物、野菜を置かせてもらったのですが、つくづく感じたのが野菜は単品では安いということ。ひと袋100円、150円の世界ですから、いくら本人がこだわって育てても、その想いはなかなか伝えられませんし、他と価格差がありすぎると売れないので、思った価格をつけることもできません。

そこで、**直売を重視し、野菜はセット販売**する方向へシフトしました。

セット販売で売上が大幅アップする理由

農産物に付加価値をつけるというと、加工すると考えがちですが、付加価値で収益を上げると考えると、セット販売はとても有効な手段です。

野菜単品では100円程度のものも、セット販売だと、2000〜3500円（すべて税抜、セット販売をスタートした頃は1500円のセットもあり）で売れます。

もちろん、それに見合った分の野菜は用意しなければならないのですが、売れるとわかっていれば安心して栽培もできますし、こちらで野菜を選べるので野菜のロスも少なくなります。そうすると、**野菜のおまけ**もできます。

なによりも、まとまった売上があるというのがありがたいことです。

現在、風来での野菜販売は野菜セットのみにしています。実野菜など多く穫れた野菜に関しては、**野菜セットを頼まれた方のみ単品追加**できるようにしています。

ただし、つくづく思うのが、**野菜を育てる能力と野菜セットを組む能力は違う**ということ。

いくら豊作だからといって、大根を3本も入れては家庭で使いきれません。

農家としてはおまけのつもりでも、購入された方からすると、これも料金のうちなのか！　と逆効果になることもあります。

農家自身が、いかに主婦の気持ちになれるかが大切です。

このくらいの量と種類があれば、家族4人なら1週間で使いきれるかな？　とたくましい想像力を働かせることが必要です。

幸い私の場合は、ひとり暮らしも長かったことと、料理好きだったということが役立っています。

そして、栽培技術の箇所でも触れましたが、日本人は食に対して意外と保守的です。風変わりな野菜よりもスタンダードな野菜のほうが喜ばれますし、市販のものと比較してもらえるので、すぐに違いがわかります。

また、ひと箱にどの野菜をどのくらい入れるかに関しては、近くのスーパーを観察しました。

日本では、野菜をパック詰めか袋詰めしているものがほとんどで、長年かけて今の量に落ち着いたのだと思います。ですから、**スーパーで売っている野菜の量と数を参考**にするのが、最終消費者に満足してもらう一番の近道だと実感しています。

リピーターをつくるには？

ちなみに、値段のつけ方については、原価からの利益率も考えていますが、風来で大切にしているのは、**この価格でもう一度買ってもらえるか**ということ。これはバーテンダー時代、師匠から教わったことが影響しています。

その教えとは、「**サービスマンの仕事は、お客様のためでなく、お客様に〝またきていただくためにする**」ということ。

通り一遍にお客様のためというのであれば、量が多くとにかく安くすればいい、となるかもしれません。

でも、それならば、別に風来で買う必要はありません。

そうではなく一度購入された方が、この価格でこのクオリティなら満足できるというラインを心がけています。

ですから、必要以上に安くする必要はありません。

最初は敷居が高い値段であっても、何度もリピートしていただくと、自信を持って出せるならそれでいいと思えてきます。

これは野菜セットのみならず、漬物やお菓子、その他のものすべてに通底しています。


また、風来の冬場の人気商品が**鍋セット**です。

現在のラインナップは、「風来特製　キムチ鍋セット」と「風来特製　豚しゃぶ鍋セット」になります。

発想のきっかけは、自家製キムチをもっと活用できないかと思っていたところ、近所にこだわりの養豚農家や、地元大豆からつくられた豆腐をつくる豆腐屋、そして原木シイタケ農家が同時にいたことから、鍋セットを思いついて販売してみたことです。

すると、**想像以上の売れ行き**となりました。

また、贈答用にと、まとめて使っていただいたり、とあるカタログ会社の目に留まり、ゴルフコンペの景品として全国で使われたりしています。

今、鍋セットは冬場の目玉商品（多いときには月50セット・15万円以上の売上）で欠かせない存在になっています。
これも、コンセプトがあるセットだからこそです。

大事なことは、販売するのは自分で育てた野菜や加工品と限定せず、**地域の方と手を組んだセット販売もOK**と考えると、可能性は大きく広がります。

風来でも、焼肉セット、冷しゃぶセット、カレーセットなど、ことあるごとにセット販売を試みています。

ヒットするものもあれば、しないものもありますが、基本リスクがないので気軽にできます。また、セットがあるとそれが買い物の中心になるので、セットを入口にいろいろなものをついで買いしてもらえます。

配達を極力減らした理由

起農当初は、朝市などとにかく参加できる催事、イベントで販売させてもらいました。置いてもらえるところならどこでもと委託販売（売れた分だけ精算）してもらい、近場（片道30分ぐらい）なら宅配便代がもったいないと、自家用車で配達。多いときには毎週月曜、水曜、金曜の午前中いっぱいが配達時間となりました。

そんな配達が当たり前だと思っていたのですが、あるとき、1か月の間に一旦停止無視、15キロオーバーなど、3回連続でつかまりました。

もちろん、道路交通法を守らなかった私が悪いのですが、罰金や免許の減点も痛く、改めて考えてみると、配達には事故というリスクもつきまとうものだと実感しました。そして当然ですが、配達中には畑仕事も漬物づくりもできません。思考の時間としてはいいのかもしれませんが、生産性という観点で見ると、一番ムダな時間ではないかと思えてきました。

それからというもの、配達を極力減らすことを心がけました。

使えるときには宅配便も使うことにしました。コストは多少かかりますが、様々なリスクを考えると、安いものですし、なにより時間に余裕ができました。

その分を収穫・発送作業の時間にしたところ、売上もアップ。今思うと、よくあれだけ配達に出ていられたなと思います。

現在では、週に一度、妻が片道20分のところへ配達しに行くのみになりました。

風来のような〝1・5人体制〟のところでは、**生産している時間をいかに確保するか**を考える必要があります。

こういったことができるようになったのは、自宅にいながら直売できる時代になったからこそです。

風来式120％ネット活用術

これまで直売というと、①店舗販売、②朝市や催事などイベントでの販売、③各家庭、お店への配達などでしたが、新たな直売スタイルとして、インターネット販売もできる時代になりました。

農とネットはとても相性がいいと実感しているのですが、同じ農家でもネットをおおいに活用している人とまったく活用していない人に分かれていて、ここまで温度差のあるものもめずらしい。

確かに、直売所に置いておくのと違い、コンスタントに売れるようになるまで時間がかかりますし、すべてを管理しないといけないと思うと、重荷に感じるかもしれません。

しかし、それでも農家がネットを使わない手はありません。

地方でも、家にいながらにして全国販売でき、送料まで負担してもらえます。

もちろん、誰もが全国販売できるというのは、裏を返すと全国にライバルができるということですが、小さい農家なら大丈夫です。

たとえば、あるパソコンがほしいと思ったとき、今なら「価格.com」などで調べて買うのも当たり前。そのときに、決め手になるのは価格でしょう。

同じものなら安いほうがいいですよね。しかし、農産物は違います。

Aさんのトマトと Bさんのトマト、同じトマトと言っても育て方、味、安全性などそれぞれのこだわりによってまったく違います。

食は育てている人のこだわりも違えば、買う人のこだわりも違いますので、ニーズも千差万別。そして、規模が小さければ小さいほど、個性が出せるという「スモールメリット」があります。


さて、いざネット活用と言うと、どこから始めたらいいのでしょうか。

風来がネットショップを初めて持ったのが2000年です。

ホームページビルダーというソフトで、自分でつくりました。今なお手づくりです。

その頃と比べて、ブログやSNSの登場など、IT環境もどんどん変わってきています。

スマートフォンがパソコンの出荷台数を超えてから久しくなりました。

つまり、ネットのあり方、見られ方もどんどん変化しているわけです。

風来では、**最先端技術を取り入れようと思ったことは一度もありません。**

ただ、そういった**技術の尻尾はつかまえておこうという姿勢**です。

日進月歩の世界、最先端技術も半年すると本当に使えるかどうかわかってきますし、時間が経てばほぼ無償で使うことができたりします。

大切なのは、**どんな技術（ソフト）を使うかより、どう情報を発信するか**です。

風来では、ネットを販売ツールとして活用していますが、情報発信ツールとして重きを置いています。またそれに特化した農家も増えています。

風来の隣町で定年退職を機に起農された方がいます。その方は、後述する「ＪＩＭＤＯ」（↓144ページ）というサービスを使い、**65歳のときにHPを開設**。HPにはショップ機能はないのですが、毎日「**今日はこんな野菜が穫れています**」「**この野菜はここが他と違います**」など情報を更新。そんなこだわりを掲載することで、地域のイタリアンレストランなどのシェフたちが、直接その人の畑に押し寄せるようになりました。そして、シェフからのリクエストを聞き、求められる野菜を育てています。

現在は野菜が足りなくなり、大型直売所に置くのをやめ、すべて直売です。

年配の方でも、ネットで情報発信する時代だと実感しました（農家の場合、年配の方のほうが信用度が高かったりもします）。

そんなバーチャルなネットの世界で、信用を得るためにはどうするか。

私がそのために心がけているのが、**毎日ブログの日記を更新**することです。本日まで足かけ15年以上、毎日書き続けていますが、このこと自体が信用につながり、また誰にもマネできない「**絶対差**」にもなってきます。

そして、気をつけているのが、目的に応じた手段の使い分けです。

ホームページ（ＨＰ）はフォーマルな場、日々書く日記（ブログ）はセミフォーマル、フェイスブックなどのＳＮＳは普段着の感じで、と使い分けています。

アクセス数よりいかに買ってもらうか

一方、ネット販売を成功させるためには、検索エンジンで上位に表示させるＳＥＯ対策が不可欠と言われています。

たとえば、「無農薬野菜」で20位以内（１ページ目）に表示させることで、多くの人がＨＰに訪れる。そんなテクニックももちろん必要です。

ただ、風来の場合は、売れる量も決まっていますし、**アクセス数より実際いかに買**

ってもらえるかが大切と考えるようになってから、漠然としたSEO対策はせずに、**いかに「風来」で検索してもらえるかに力を入れる**ようにしました。

そのために、毎日ブログやフェイスブックなどで情報を出し続けています（半分以上は楽しみでやっていますが……）。

そうすると、不思議なもので、SEO対策をまったくしていないにもかかわらず、「無農薬野菜」で検索すると、20位以内にコンスタントに入るようになってきました。

そして、「風来」で検索してくれた方は、高確率でお買い物をしてくれることがわかっています。

風来の場合は、会社の同僚に紹介されてとか、友達に聞いてなど、リアルな方の口コミで買ってくれる方が多くいらっしゃいます。

どんなに技術が進んでも、こういった口コミのほうが強いと感じていますし、そのために、一過性でない「**また買っていただけること**」を意識しているのは前述のとおりです。

ネット販売では、バナー広告などで誇大広告するところも多いのですが、風来の場合は逆で、**ＨＰは控えめにしておいて、自宅に届いたときに喜んでもらえればいい**と思っています。

そして、農家とネットの相性で強いところが、**生産過程を見せられる**ということ。どんな種をまき、どう育っていっているか。そして収穫、加工はどういう手順で行われているか。

お客様の声をたくさんいただくのですが、その中に、「**先日いただいたキムチ、日記に載っていた3月1日にまいた白菜ですよね。白菜が育つ様子を想像しながらいただくと、おいしさもひとしおでした**」という声もいただきました。

その方は、もちろんリピーターになっていただいています。

発送時に心がけているひと工夫

次ページの表は、ある日の注文をまとめたものです。

2016年5月17日の受注品目、販売価格と販売数量

	品　名	販売価格（円）	販売数量（個）	A様	B様	C様	D様 E様	消費者クラブ	お店	野菜定期便	合計金額（円）
1	白菜キムチ	324	11				1620	1944			
2	大根キムチ	324	5				648	972			
3	豚キムチセット	1080	1				1080				
4	かつお大根	270	4					1080			
5	ゆず大根	324	5					1620			
6	梅かつお大根	270	0								
7	大根浅漬け	324	3					972			
8	旬野菜ぬか漬け	378	4					1512			
9	こうじ漬け	368	1	368							
10	黒瓜かす漬け	432	0								
11	いか塩辛	432	1				432				
12	ぬか漬けセット	864	2	864	864						
13	白米3合	432	1			432					
14	玄米5kg	3704	1				3704				
15	ゆずポン醤油	324	1	324							
16	焼肉のたれ	324	0								
17	能登塩100ｇ	300	0								
18	かきもち	648	1				648				
19	米粉シフォンケーキ	1296	1				1296				
20	フルーツマフィン（ホール）	1512	1	1512							
21	よもぎ団子	194	5	582						388	
22	キムチ鍋セット	3780	1	3780							
23	豚しゃぶ鍋セット	3780	0								
24	野菜セットA	2160	3	2160		2160				2160	
25	野菜セットB	2700	2		2700				2700		
26	野菜セットC	3240	1							3240	
27	野菜セットS	3780	1							3780	
計			56	9590	3564	2592	9428	8100	2700	9568	45542

これを前日にプリントアウトして妻とも共有しています。

この表には、野菜セットや漬物、お菓子など、当日準備しなければならないものだけを記載してあります。

その他の仕入れ販売品（無添加のしょうゆや酢、マヨネーズなど）は箱詰めするだけなので割愛しています。

毎年5月は、まだ野菜もそれほど潤沢ではないので、野菜定期便の方以外は「Aセット」（税抜2000円）、「Bセット」（税抜2500円）しか受け付けていません（この時期は1日合計7セットまで限定）。

お店に取りにこられる方、消費者クラブ（宅配グループ）はおつき合いのあるところで漬物を卸しています。

この日は、消費者クラブもあるので発送が多めですが、役割分担（妻は漬物とお菓子）して手際よくしても、2人だと午前中に発送準備を終わらせるにはこのぐらいが限度ではないかと思っています（これだけの野菜セットを組むのに1時間半ほどかかります）。

発送時に心がけているのが、畑の雰囲気ごと伝えられればいいなということ。

旬のおすすめパンフレット（パンフB5・野菜紹介）とともに、野菜セットの場合は、野菜の簡単な説明。季節の変わり目には、畑MAPも入れています（野菜の説明、畑MAPは妻の手描きですが、以前は旬のおすすめのように写真とパソコン打ちのものを入れていました↓巻頭カラー口絵4、6〜7ページ）。

また、春から秋は、畑の片隅にわんさか生えているミントなどのハーブを入れることもあります。

箱を開けた瞬間にふわっと畑の香りがする。そんなお裾分けができればと思っています。

「知恵」の教室

農産物は〝有限〟、知恵は〝無限〟

農業が見直されてきたことのひとつに、本当の意味での生活力、知恵が求められてきたからではないかと感じています。

私は、これからのお年寄りと、これまでのお年寄りとはまったく違ってくると思っています。

どういうことかと言うと、漬物と聞いて、**「買う」**という世代と**「つくる」**という世代に分かれてきます。

これは知識と知恵の違い。知識は時代が変わればどんどん変わってきますが、知恵は経験とともに身についていくもの。そして、そういった知恵が子や孫世代に伝わらなくなってきています。

そして今、そんな危機感もあり、知恵を教わりたいという人が増えています。

実際、毎年1～2月にそれぞれ2回ずつ計4回、風来で行っている「味噌教室」は大盛況。**毎回定員の20名が募集を開始すると1～2日でいっぱいになり、キャンセル待ち**となります。また、多くのリピーターの方は前年の2倍、味噌を仕込まれていきます。

畑で穫れる農産物は有限ですが、知恵は無限で減ることがありません。

この知恵を販売することは、農家の強い武器になります。

実際、先の味噌教室でも1回あたり**会費の合計が7万～8万円**となり、冬場のありがたい収入にもなっています。

〝女性二毛作時代〟をどう生きるか

風来では、「知恵」の教室をいろいろやっているのですが、参加者は**女性が7割以上**を占めています。特に30～40代の女性の意識が高いことに驚かされます。

小さいお子さんを持っている方も多く、食育へのこだわりがあり、とても積極的です。

語弊があるかもしれませんが、私は〝**女性二毛作時代**〟になってきたのではないかと思っています。

結婚・出産を機に退職、育児休暇。それを終えて職場に復帰する方も多くいますが、いったんこれまでのキャリアを捨て、パートに出る方も私のまわりに少なくありません。

しかし、フェイスブックなどを使い、簡単に教室ができるようになりました。

これまでのキャリアや趣味を活かして自宅で稼ぐことも十分可能です。

実際、風来の教室にきて、教室を開く女性も増えています（男性もやっていますが、ほとんどが女性）。

ネイルアートやヨガ、ローフード教室など、中には外部講師を呼んで中華料理教室を自宅でという方もいます。やられていることは様々ですが、子育て中という強い共通認識があり、つくづく女性の共感力の強さはすごいと感じています。

教室内容ももちろんですが、**つながりの場としてのサードプレイス**の役割も大きいのではないかと推測しています。

今、ビジネスパーソンで朝活をやられている方も多いでしょう。

あるＣＭで「朝活を制するものはビジネスを制す」というフレーズがありましたが、これからは会社で役立つ「知識」の教室もさることながら、**社会（定年退職後）で役立つ「知恵」の教室**も注目されてくるのではないかと思っています。

特に、女性は身につけておくとすごい力になってくれるのではないでしょうか。

大人気となっている「農コン」とは？

２０１４年以降、年1回、私が主催となって「**農コン**」なるものを開催しています。「農コン」とは、「農家とコンパ」の略で、男女の出会いならぬ、農家と「農」「食」に興味のある人とのご縁をつなぐ場です。

フェイスブックでイベントを告知するのですが、**30名の募集が一日で満席になり、毎回、多くのキャンセル待ち**と、開催した本人もビックリするくらいの人気です（農家の参加が10名で計40名）。

この理由としては、食の安全性の高まりを背景に、農家とのつながりを持ちたいという人が増えていることが挙げられるかと思います。

実際、「農コン」が終わった後、知り合いになった農家の畑に行く人も多く、まさにご縁がつながる場になっています。

収穫祭や即売会でも、農家が直接販売することはありますが、農家としては目の前の生鮮品を早く売りたいので、ゆっくり話す時間もありません。

一方、「農コン」の場合は、まず人柄を知ってもらえます。即効性はないかもしれませんが、互いに信頼できれば、末永くおつき合いできますし、長い目で見れば、こちらのほうがプラスになります。

「ベジベジくらぶ」という「知恵」の教室をどう実現したか

以前、農家仲間と農への理解を深めてもらおうと、「大豆を育てて、味噌をつくろう」という「まめまめクラブ」なるものを立ち上げました。これが今の「知恵」の教室につながっています。

その広報活動は大変でした。

まず要項を決め、ポスターをつくり、チラシを自然食品店中心にいろいろなところに貼り出してもらい、募集は電話受付、変更があったときもひとりひとり連絡して、募集が終わったらポスターを回収。その後は、メーリングリストを作成してメールでやりとりしました。

それが今、フェイスブックなどのSNSを使えば、これらすべてのことが一度に簡単にできるようになりました。

気軽に「知恵」の教室ができるようになったのも、フェイスブックのおかげです。風来の場合、「ベジベジくらぶ」というグループページをつくり、近隣（車で片道1時間以内程度）の方と友達になったら、もれなく「ベジベジくらぶ」に入っていただくことになりました（今は友達になる前に「ベジベジくらぶ」への参加リクエストも多くいただくようになりました）。

そのグループページでイベントを立ち上げると、自動的にグループメンバーに招待メールが届きます。

胃袋の興味と時間が合う方はどうぞという毎回気楽な会にしています。

イベントを立ち上げる際に、気をつけているのが次のことです。

●日時……何時スタートで何時までか

- **場所……住所、電話番号、MAPのアドレス**
- **持ち物……エプロン、お持ち帰り用の食品保存容器など**
- **会費……いくらかかるか明確に。お子様料金があればそれも記載**
- **内容……教室内容はもちろん、どのような素材を使うのか**
- **その他……お子様の参加の有無など質問を想定**

風来では、自店舗でやることが多いのですが、人数が多い企画の場合は、会場を借りることもあります。

町内の公民館などは安く借りることができますし、鍋や皿などもそろっていますので重宝しています。

あと、できるとき限定ですが、教室の後に「持ち寄り会」もやっています（参加は自由、別途場所代をいただく形）。

たとえば、「味噌づくり会」の場合は、発酵食品を持ち寄るとか、新米の炊き方教室のときには、ごはんのお供など、少し関連性を持たせています。

食事会の途中、単なる自己紹介だと印象に残りませんが、持ってきたものとともに自己紹介をしてもらうと会話もはずみます。

あと、「初めての方はお客さん、2回目からはスタッフのつもりで……」と冗談混じりに話すのですが、実際2回目からは、皿やコップ、調理道具の位置も覚えてもらっていて、片づけなどもやってもらっています。

教室の場合、なんでもこちらでやってしまうより、働いてもらったほうが、参加意識が芽生え、互いにいいと感じています。

とても便利なフェイスブックでのイベント告知ですが、気楽に参加しやすい分、変更やキャンセルも気軽にされがちです。

キャンセルを知らせてくれるのならまだいいのですが、黙って参加から不参加に移行されている場合もあります。キャンセル、変更も早い段階ならいいのですが、満席状態でたくさんの方をお断りしてのドタキャンはこたえます。

当初はイヤな気持ちになりましたが、この便利さを享受しているのだから仕方ないと、最近は多めに募集して、最初からある程度のキャンセルは折込済にしています。

ただ材料費がひとりひとりにかかる場合もあるので、イベント前々日にイベントページにコメントを入れて、参加の確認と「前日以降はキャンセル料がかかる」旨を告知して確認するようにしています。

無理なく始めるポイント

こういった教室も「習うより慣れろ」で何回か開催しているうちに、手順やコツだけでなく、会費の適正基準もわかってきます。

風来の場合は、場所代・講師代として、ひとり1500円をベースにして、それに材料実費をプラスしたものを参加費の基本にしています。

そして、私が今やっていけているのも、「まめまめクラブ」で仲間とやって受け入れ方を勉強したからというのがあります。

ですから、**最初は5〜6名の少人数で、こういった教室開催に興味を持つ人同士で協力しながらスタートするのが無理のないやり方**かもしれません。

また、教室にきてくれた人の多くは、心強い応援団となってくれています。

そして、このワイワイやっている感じを参加者のみなさんがＳＮＳで拡散してくれることで、風来がリアルに存在していることがわかります（↓巻頭カラー口絵５ページ）。

「知恵」の教室をやるようになってからは、ネットでの注文が増え、売上がアップしました。こういう時代だからこそ、こういった発想が大事になってくるのです。

PART 4

「小さい農」はじめの一歩

――ビジネスプラン、農機具、資金調達、直売コピーの裏ワザ

では、いよいよ農的暮らしに向けて、はじめの一歩を踏み出すにはどうしたらいいか、解説していきましょう。

最近は大型野菜直売所も増えましたし、ネット販売の環境もそろってきて、以前よりは独立のハードルは低くなりましたが、それでも脱サラして一歩を踏み出すのは勇気がいるものです。私もまったくそうでしたから。

新しいことをするのにリスクがないものはありませんが、失敗しないためには、想定されるリスク分散が不可欠。その面でも、「小さい農」だと、リスクは最小限に抑えられます。

ここでは、「私が起農した頃に知っておけば……」という想いを込めて、ノウハウと心構えを出し惜しみなく紹介します。

準備の準備段階から起農後の悩みまで、いろいろなヒントを詰め込みました。

ここ数年で世の中も大きく変わっているので、今、この時代に起農するにはどうしたらいいのか、という視点で見ていきます。

「アイデアの賞味期限は短い」と言います。

思いついたときには最高のアイデアと思っても、時間が経つうちに、どんどん色あせてきて、やはり失敗するのでは、と動けなくなります。

ただ、新たな道に進んで成功している人は、**すぐ実行した人だけ**です。

少しでも、できるところから実践するのが成功への近道。

また、「学ぶ」の語源は「マネぶ」のように、これはいいと思ったことはどんどんマネてください。

私がすべて体験してきたことをもとにしているので、実践的な内容となっているはずです。

この本の冒頭にあった「**農業は最も幸せに稼げる仕事である！**」をここで体感していただければと思います。

どうなりたいか、掘って掘って掘り下げる

では、将来の起農を見据えての「**準備の準備期間**」からです。

将来どうなりたいかをしっかり考えないと、いざ脱サラしてあこがれの農家になったはいいけど、目先の忙しさに追われて、気づいたら大手流通の下請のような形になっていた、なんてこともざらです。

私自身、これまで多くの新規就農の相談を受けてきましたが、総じてうまくいく率が一番高いのは、**夫婦そろって前向きな場合**、次が奥さんのほうが前向きな場合です。ダンナさんだけが前のめりのケースでは、うまくいかないパターンが多い。

中には、奥さんに内緒でとか、私に奥さんのことを説得してくれませんか？　なんてこともありましたが、そういう人たちもうまくいきません。

また、ひとりで始める場合も、男性より女性のほうがうまくいっていたりします。

この差は、いったい、どこにあるのでしょう？

男性の場合、「（後先考えずに）仕事を辞めてきました」という方が多いのに対し、女性の場合は「今の仕事はそのままやりながら、週末だけ農業の勉強、準備期間にあてたい」と現実的な方が多いのが特徴です。

世帯年収で「350万円」を確保せよ

「現実的」とは、ズバリお金のこと。

よく「地方だったら、年収200万円あれば心豊かに暮らせる」と言われたりします。確かに、古民家を安く借りたり、自給自足をすればあながちウソではありませんが、なんとかやれるのは、ひとり暮らしや子どもがいない夫婦の場合です。

子どもがいると、そうはいきません。

農的暮らしは自分たちの夢だとしても、子どもには様々な選択肢を与えられるようにしておきましょう。

夫婦と小さい子ども2人の4人家族の場合、**世帯年収として最低350万円**はほしいところです。

子どもの成長具合で今後の必要金額も変わってきますが、どうなりたいかという夢だけでなく、**そのためにどうすればいいのかと現実的に考える**ことが重要です。

必要とする最低年収から数字ベースで逆算すると、計画がよりリアルになってきますから、**常に数字で考える習慣**をまずつけましょう。


そうは言うものの私自身、実は当初そこまで細かい計算をしていませんでした。

ただ、起業したのが1999年4月。その年の9月に結婚することが決まっていたので、あわよくばなんて無責任ではいられません。きちんと暮らしていくにはいくらあればいいかと計算しました。

すると、所得（利益）ベースでアパートの家賃やなんやで2人だと月25万円、子どもができたら月30万円はほしいということに。

ちなみに、起農初年度、風来の売上は、朝市に出たり、農家仲間に漬物を置かせてもらったりして、それでも**年間140万円**くらいでした。

経費を引くと、風来単体での純所得（利益）は、**年間60万円ぐらい**にしかなりませんでした（初期経費は除く）。

ただ、当初から百姓的発想で、農業だけにこだわる必要はないと思っていたので、研修時代の伝手《つて》で、農業法人にアルバイトに行きました。

初年度は時間的に見ると、アルバイトの時間のほうが長かったかもしれません。妻も子どもが生まれるまで、看護師の仕事をしてくれたので助かりました。最初の頃は、私のほうが時間があったので炊事洗濯は私の役割でした。

こんなふうに、最初は他の仕事やアルバイトを組み合わせてもいいのです。農業従事者の平均年齢は65歳以上。決してあせる必要はありません。じっくり準備して（副業も視野に入れて）、起農するかどうかを決めましょう。

目標は家族みんなが幸せになること。農はそのための手段にすぎません。そこはブレないでいきましょう。

今やパソコンは〝農機具〟になった⁉

「パソコンはIT機器ではなく農機具！」——最近私は、農家仲間と半分本気でそう話しています。

今やパソコンは**なにより大切な農機具**となりました。

「小さい農」に絶対欠かせないのが**ネットのフル活用**です。

と言っても、高度の技術はまったく必要ありません。

誰でもできる最低限のスキルがあれば大丈夫ですから、安心してください。

経理のデータ処理、帳票類の発行、ラベルやポスター作成も、個人で格安でできるようになりました。

そのための表計算ソフト（エクセル等）やワープロソフト（ワード等）は、時間があるうちに、最低限使えるようにしておきましょう。表計算ソフトは、販売、経理、商品管理に必要になってきますし、ワープロソフトが使えるとパンフレット、商品ラベル、ＰＯＰにとこちらも活躍してくれます。
パソコンのスキルを少しでも上げておくのはとても重要です。
起農準備としてすぐできますし、必ず後々きいてくるのですぐ実行しましょう。

ＩＴ嫌いでもできる！手間のかからないＨＰはこうつくる

「準備の準備期間」に、遊び半分でＯＫなので、ＨＰを作成しておくと、いざ起農したときに、すぐにＨＰを立ち上げられます。

こんなデザインがいいな、こんなアイテムを販売したいなと、いろいろ妄想をしておくと、いざやるときのシミュレーションにもなりますし、「小さい農」で本当にやりたいことが具体的になってくるから不思議なものです。だまされたと思って、遊びながらつくってみてください。

ＨＰを持つとなると、以前は高価なソフトを購入しなければならず、ＨＴＭＬやＣ

ＳＳといったプログラミング言語の知識も必要だったのですが、最近では、安価でしかも簡単（直感的）に、ネットショップを作成できるようになりました。

そんなＷｅｂ制作サービスでおすすめなのが次の２つです。

〝誰でも簡単、無料で作るあなただけのホームページ〟とトップページにある「**WIX**」（http://ja.wix.com/）と、〝驚くほど簡単にホームページがつくれる〟とある「**JIMDO**」（http://jp.jimdo.com/）です。

実際にＨＰで商品を販売しようとする場合は、有料プラン（月々１０００円ぐらい）を断然おすすめしますが（無料版だと広告が入ったり、販売点数に限りがあったりしますす）、起農前の準備期間に金銭的負担のない無料バージョンで慣れておいて、実際に起農したときに有料版にするというのがスムーズな運営につながります。

ブログはなぜ、重宝するのか？

準備段階でなにより効果的なのが**ブログ（日記）**です。

アメーバブログやｇｏｏブログなどを使えば無料でできますし、少し抵抗があるなら、最初は「非公開設定」にもできます。

前に、野菜の栽培過程をオープンにすると信用につながる、と述べましたが、ブログはまさにその最有力ツールです。

たとえば、「新規就農ダメダメ日記」と題して、「農地を借りるのがとても大変だ」など、その日の体験談をどんどんアップしていくのです。

そうすると、**開業前からあなたの応援団**になってもらえる可能性が高まります。

これは小さなことに見えますが、今後の経営上、非常に大きいことです。

農産物は収穫するまでに時間がかかり、収穫したらどんどん価値が下がっていくものです。

前もって栽培過程を公開しておけば、いざ販売となったときに、すぐに買ってもらえるかもしれません。

また、ブログに書くことで、自分のポリシーや今後の計画などもまとまってきます。

私が日記を始めたとき（2000年4月）は、まだブログというシステムがなくて1回1回書くたびに、HPにアップしていました。

当時は、写真を入れるのも手間で、最初の頃は写真も一切なし。改行時も1行あけていないために、すごく読みにくくて恥ずかしい限りです。

当時の日記（2000年4月）はこちらですので、ネットで見てください（ぜひ自信を持ってください〈汗〉）。

http://www.fuurai.jp/hatake00-4.html
日記を書こうと思ったのは、ご近所に住む農家の先輩（株式会社林農産の林浩陽《こうよう》社長）が1997年から日記を書いていて、毎日HPにアップしていたのを見たのがきっかけです。

最初、何を書いていいのかわからず、農作業しながらそれで頭がいっぱいになっていました。

10行くらいの文章を書くのに、30分かかることもざらでした。

それでも、HPでの売上を少しでも伸ばしたいという思いで書き続けたのです。

やはり、近所にずっと書いている先輩がいたことは、とても勇気づけられました。

不思議なもので、ヘタな文章でも、半年毎日書き続けると、その場でパッと5分ほどで書けるようになってきました（2005年6月からブログ形式に移行）。

半年くらいすると、HPでの注文も少しずつ増えてきたのですが、中には注文の備考欄に**「日記読んでいます。畑仕事ご苦労様です」**といった声もいただくようになり、励みになりました。

日記があることでHPに安心感が出て、普段の様子を随時アップすることで、さらに身近に感じてもらえるようでした。

どれほど格好つけて書いても、毎日書いていると行間を読まれます。

感じたままを書くのが一番読み手の心に届きます。

あと、野菜の食べ方（例：ズッキーニの炒め煮）などを書くと、反応があってつくってみたという声もよくいただきました。

次第に、同業の農業をやっている方からもメッセージが届くようになりました。HPの中に日記があることは、人となりを表すことになりますので、お客様への信用度が増えるのみならず、同業者、そして業者の方（宅配グループなど）からも声をかけていただけるようになりました。

始めたからには、**とにかく書き続ける**こと。文章は拙《つたな》くてもいいのです（むしろ拙いほうがリアルさを感じてもらえます）。

「継続は力なり」と言いますが、まさにそれを実感しました。

私が培ったノウハウを出し惜しみすることなく、すべてオープンにできるのは、今あなたがブログを始めたとしても、私とはすでに15年以上の差があるからです。

そして私は、前述の林さんに（林さんがやめない限り）追いつけません。

4年分の信用度の差はずっとそのまま。安い・高いといった「比較差」ではなく、こういった「**絶対差**」を増やしていきましょう。

一日でも早く開始した人が、その分差をつけられるのです。

起農前に「土に触っておく」のが大切な理由

風来式「小さい農」では、農産物を栽培することだけにとらわれず、加工や直売にも力を入れていますが、それでも起農前から、土には触っておきたいところです。

ときどき、「私が農家になって農業界を変えます」という勢いで風来にこられる方もいますが、「農作業の経験はありますか?」と聞いてみると、「ありません」と言う方が多かったりします。

農業というのは不思議なもので、あこがれの仕事と言いながら、どこかで「農業ぐらい簡単にできるだろう」と思われているふしも多々あるようです。

その原因のひとつには、農産物が勝手に育つという牧歌的なイメージがあるからなのかもしれませんが、そういった人は、起農に失敗したとき、「農業すらできなかった」

と、ことのほかダメージを受けるようです。

そうならないためにも、文字どおり、地に足をつけて実際にやってみることが大切。レンタル菜園など、**まずは家庭菜園から実際にやってみる**だけで大きく違ってきます。

不思議なもので、人それぞれ、土や野菜との相性があります。

仕事を辞め、とにかく研修すればなんとかなるだろう、とタカをくっていると、痛い目に遭います。準備なしで飛び込んでみて、もし自分に合っていなかったら、取り返しがつきません。

家庭菜園の段階で、農の基本を教えてもらえれば一番いいのですが、なかなかそんな機会もありません。

そんなときにおすすめなのが、先に紹介した『図解　家庭菜園ビックリ教室』（農山漁村文化協会）、『ＥＭでいきいき家庭菜園』（ＥＭ研究所）の２冊です。

一気に両方読もうとせず、まずはどちらか１冊をとことん読んでみましょう。

ちなみに、『図解　家庭菜園ビックリ教室』は、栽培本としては異例の発行部数10

万部を突破。初版が1994年ですが、今も増刷を重ねています。

それだけ時代に色あせていないということでしょう。

私は、偶然図書館で出合って、内容がいいと思って書店で購入しました。

いろいろな野菜が載っていますので、少量多品種を目指す身としても助かりました。

「**トマトは寝かせて植えたほうが茎からも根が出てきて丈夫に育つ**」など、今でも使っている技術が満載です。


私自身もそうでしたが、一度に何冊も手を出すと、いいとこどりをしているつもりでも、自分に都合よく解釈しているだけで、たいてい失敗するものです。

そして大事なのが、「農」以外の**加工技術**や**直売技術**。

ここを押さえているかどうかで、天と地の差がつきます。

フェイスブックなどを見ながら、いろいろなイベントに参加するのもいいでしょう。

イベントのやり方などを身につけておけば、起農後、大きな強みになります。

いざ、「小さい農」がスタートしてしまうと、なかなか外に学びに出る時間がないので、就農する前にやっておきましょう。

どこで農業スキルを身につけるか？

いよいよ独立に向けてスタート！　といっても、突然独立起農しても難しいのが現実です。

農業技術ももちろんですが、学ぶことがたくさんあります。

国としても、以前と比べれば、新規就農者は大歓迎状態で、各都道府県に相談窓口があります。

●**全国新規就農相談センターHP（受入支援情報）**

https://www.nca.or.jp/Be-farmer/support/

また、このHPには、ほぼ無償で農業技術を習得できる研修制度も都道府県別に掲載されています。

ただ、公的機関の場合、現行の栽培技術を習得できても、私がやっているような、無農薬・無肥料栽培といった新農法を習得するのは難しかったり、農業簿記は習えても、実際のネットを通じた直売技術はまだまだ教えてくれないのが現状です。

実践的なのは、農家や農業法人の研修生となることでしょう（そのうえで公的機関の研修を受けるのがベスト）。

どこで研修させてもらうかは、どの場所で起農するかにも大きく影響してきます。住まいから車で通える（片道1時間ぐらいまで）ところだと、研修しながら独立準備もできますし、研修時代に築いたネットワークも使え、独立後も何かあったときにまわりに仲間がいるので心強いでしょう。

私の場合、新規就農時の研修は、自宅から車で片道30分ほどの農業法人で、稲作と漬物加工を学びました。

慣行栽培ということで、無農薬栽培技術は身につけられませんでしたが、漬物用の野菜を中心に、栽培技術の基本（苗の植え方や育て方、きれいな収穫の仕方）を教われたのは大きかったですし、なにより**業務用の漬物の漬け方、どのような道具が必要**

かを学べたのは本当に助かりました。

同時に、車を路肩に落とす〝**脱輪王**〟の異名をつけられたり、バランスを崩して稲の苗を落として何枚もダメにしたり、数々の失敗をしました。

何度「**落第！**」と言われたかわかりませんが、厳しいところで鍛えられたからこそ、今があります。

将来、自分がやりたいスタイルに近いところで研修するにこしたことはありませんが、選り好みばかりしていると、研修先を見つけること自体が難しくなります。

大規模農業法人であっても、農業を肌で感じられれば大丈夫です。

そして、研修をしたいと思ったところの**商品はぜひ購入**してください。

研修を受け入れる側も、事前に買ってもらえればうれしいですし、商品は「顔」なので、商品と相性が合えば、研修先としてもいいと思います。

研修中にこれだけは学んでおこう

1年1作の作物がたくさんある農業では、1年やってもそれぞれ1回しか経験していないことになります。

しかもその年、その年で気候が違うと、打つべき対策も変わってきます。

ですから、研修中に技術をすべて習得するのは難しいのです。

そして、多少使えるようになったかと思ったら独立。これでは受け入れる側も大変です。

最初に独立ありきならば、こちらから研修期間を決めて、研修先に伝えておけばお互いの心積もりができるので、その後もスムーズです。

私の場合は、1年と決めていました。

もちろん、農業技術を習得したとはとても言えませんが、それでも基礎だけは学べました。

また、少しでも上達できればと、**自宅で研修先と同じものを育てました**。

研修しながら、同時進行で野菜を栽培するのはとても大変でしたが、研修先でわかったつもりでも、**自分でゼロからやってみると全然できない**こともありました。

そのわからなかったことを、研修先にどんどん聞いていくと、とても勉強になり、徐々にうまくいくようになりました。

農作業の花形と言うと、トラクターやコンバイン（稲刈機）を運転することと思われがちで研修中も乗ってみたいと思うものですが、機械操作などの技術の向上は独立してからでもできます。

それより**経営者の目線で、全体的に見る**ことが大切です。

最初は余裕がなくて難しいと思いますが、社長はなぜそんなことを言ったのか、自分が社長だったらどう判断するだろうかと考えていくと、後々自分が独立したときに大変役立ちます。

また、農業機械はもちろん、加工施設があるところでは、加工・保存するのにどんな機械が必要なのか、どこで購入すればいいのか？（今は型番さえわかれば、ネットで買えます）をチェックしておきましょう。

そして、**袋やダンボールなどの消耗品を取り扱っている業者とのつながりを研修時代に持っておく**と、スムーズに独立できます（そういった意味でも、**近場で研修するほうが有利**）。

なにより研修中は、ネットワークを広げる一番いい時期。

私の場合、研修先地域の農業青年会議（全国組織なので各地域にあります）の青年グループに参加したり、公的機関（石川県農業試験所）の農業塾に（週1回コースですが）習いに行きました。

仲間がいると刺激にもなりますし、試験場の先生に何かわからないことがあれば相談できます。

そのときに知り合った仲間のおかげで、最初の販売先を見つけられましたし、後々の勉強会にもつながりました。

独立してやっていけるのはご縁があればこそ。これを肝に銘じておいてください。

どこに住めば、稼げるか？

では、農地はどこで取得すべきか？

現在では、国の過疎化対策で、多くの市町村でIターン、Uターン者への支援制度が整っています。

「空き家バンク」や奨励金があるところも多く、その気になれば、移住もずいぶんしやすくなりました。

「空き家バンク」(http://www.iju-join.jp/akiyabank/)で検索すると、各自治体の空き家情報が出てきます。

ただし、自治体によってアップする頻度にかなり差があるので、実際には各市町村の市役所および役場に問い合わせるほうが確実です。

環境が気に入ったところに住むというアプローチもありますが、祖父母がいたり、親戚がいるところだと、最初から信用が担保されるので地域にスムーズに溶け込めます。

ただその分、しがらみもあるでしょうから、一長一短あるのも事実。

大切なのは、**実際に住む場所**です。

里より山のほうが農的暮らしのイメージを抱いている人も多いと思いますが、将来的に配達、直売、教室を考えるならば、**人口密集地にほどよく近いところ（少なくとも人口10万人以上の市から車で30分以内）**がいいでしょう。

それなら、家族各々の生活を考えても便利です。

私の場合、10万人都市・石川県の小松まで**車で10分**、県庁所在地の金沢（人口46万人）まで**車で30分**になります。

配達をメインにしていた頃は、金沢方面中心でした。1日何軒も回り、午前中ですませるなら、このくらいの距離がギリギリかなと思いましたし、車で30分くらいなら、教室・イベントを開催したときにきてもらいやすくなります。こういう視点で、選んでいくのがいいかと思います。

また、地域によっては、山のほうだと、冬は雪が深く、農産物を育てられないところもあります。

そして今、山側地域で問題になっているのが**鳥獣被害**です。

イノシシなどが田んぼや畑にやってきて、農作物を食べる被害が多発しています。

害虫対策に比べると、比較にならないくらい獣害対策は手間もコストもかかります。

ただ、現在では、地域ぐるみで柵をつくるなどの対策をしていますし、山ならではの魅力というのも確かにあります。

ともあれ、漠然としたイメージや雰囲気だけで決めるのはご法度。

一度耕した農地からは簡単に引っ越せませんから、**「経営」という観点と、家族の生活を含めた〝鳥の目〟で見ていく**ことが大切です。

家に関しては最初から建てるのではなく、空き家バンクや伝手をたどり、**いったん借りる**ことをおすすめします。

生活してみないと必要なものがわかりません。家を建てるなら、その後でも十分間に合います。

農業だけでなく、加工して直売・教室をするなら、一軒家で、欲を言えば**独立した**

車庫（納屋）があると便利です。

農業道具を置いたり、農作業や加工作業、イベントなどがやりやすくなるからです。

農家仲間のひとりに、金沢の山のほう（市街地から車で15分ほど）で新規就農した方がいます。

その方は、畑を貸してくれているオーナーに「空き家になっている家を好きに使っていいよ」と言われました（現在はわずかですが、賃料を払っています）。

住まいは別にあり、そこをコミュニティスペース「結」としてイベント専用スペースとし、オーガニックな映画の上映、梅干や梅ジュースづくり会、マッサージスペースなど、様々なことに活用しています。

今、地方では、空き家が大きな問題になっていますが、人が住まないと家はすぐにダメになってしまうので、こういった感じで使ってほしいというオーナーも増えているのです。

「野菜は足音を聞いて育つ」
――後悔しない農地の選び方

これから「小さい農」をやろうという人が一番大変なのが農地探しです。しかし、逆に**農地を選べるというのは強み**にもなります。

先に記載した、全国新規就農相談センター（http://www.nca.or.jp/Be-farmer/）にも農地について調べるサイトがありますし、全国的には耕作放棄地が増え続けています。

ただ、実際に農地を借りるとなると、見えない高いハードルがあります。

日本人は土地に関しては、先祖伝来の大事なものという考えが根強く残っており、信用の置けない人にはなかなか貸したがりません。

そういう意味では、親族が信用の担保をしてくれると借りやすくなりますし、また研修先で信頼を得られれば、紹介してもらえることもあります。

前述の各都道府県、各市町村にある全国新規就農相談センターでも、1～2年研修することが農地紹介への必須条件というところもありますが、これもいかに信用されるかどうかです。

いずれにせよ、**最初は自分の目の届く範囲で管理しきれる面積にする**こと。

新規就農仲間も、農地を借りるまでは大変だったけど、次の年からどんどん農地が集まるようになってきた人がたくさんいます（1年目、60アールをやっと借りられた人が、2年目には頼んでもいないのに4ヘクタール、翌々年には7ヘクタールになった人も）。

みんな共通して言うのは、**周囲の人は見ていないようで見ている**ということ。**雑草の管理など、しっかりしていると信用される**ので、ぜひ気を配ってやってみてください。そのためにも、最初はくれぐれも無理な面積を借りないように。

では、こちらから農地を選べるなら、畑作の場合、どんな条件がいいかと言うと、**第1に水はけがいい**こと、**第2に日当たりがいい**ところ、この2つはなかなか変えられませんから重要です。

土の状況は、**畑に生えている雑草の種類**で見ることができます。**手で抜きやすい雑草のところは土ができている証拠**です。

しかし、なにより大切なのが、**家の近くにある**ということ。

「**野菜は足音を聞いて育つ**」という言葉があるように、**頻繁に通えることが成功への近道**です。

ちなみに、今は10アールあたり年間1万~2万円（全国平均）が農地を借りるときの実勢相場となっています。

※1ha（ヘクタール）＝100a（アール）

1a＝10㎡

実践

絶対に重宝する農機具の選び方

畑仕事をやるうえで欠かせないのが、**農機具**です。
基本的に絶対必要なのが次の3つです。

●平鍬《ひらぐわ》……畑仕事で一番必要なもの。地域によって形が違う

●三本鍬……刈り取った草の回収、根っこごと起こすときなどに使用

●アメリカンレーキ……うねや畑を平らにする

風来では、**小松型平鍬《こまつがたひらぐわ》**という平鍬を使っています。
平鍬は、農家にとってまさに自分の分身。使えば使うほど手になじんできます。
平鍬だけはいいもの（最低1万円以上のもの）を使いましょう。
平鍬使いが上達すると、農家の稼ぎも上昇するから不思議です。

また、「小さい農」をやるのに重宝するのが次の2点です。

●三角ホー……先が鋭い鎌の代わりに、狭いところのうね立てに使う

●配管用スコップ……うねとうねの間の狭いところの溝堀りに使用

風来では、エンジンつき機械は少ないのですが、その中で一番活躍しているのが管

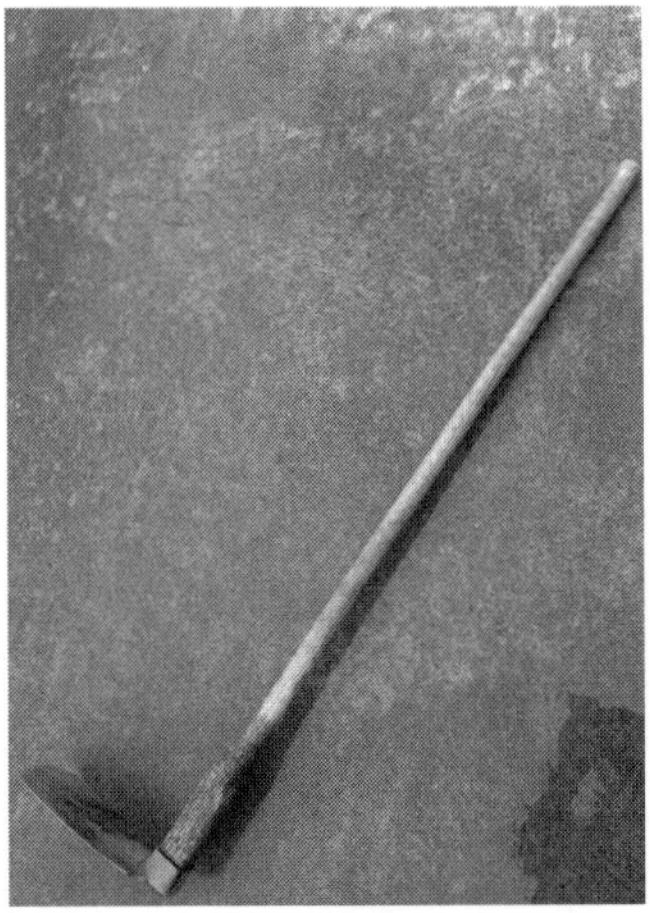
小松型平鍬

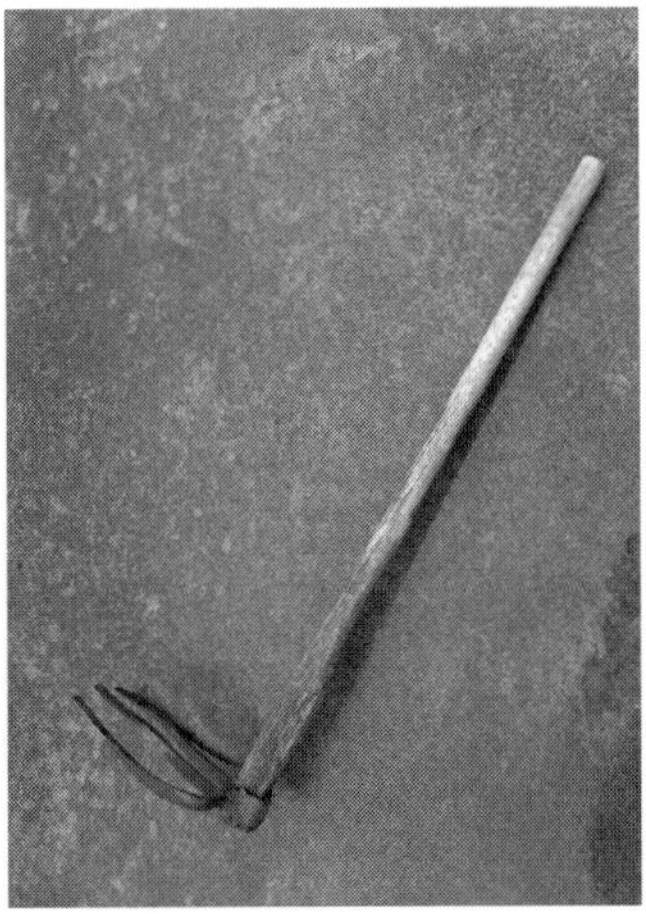
三本鍬

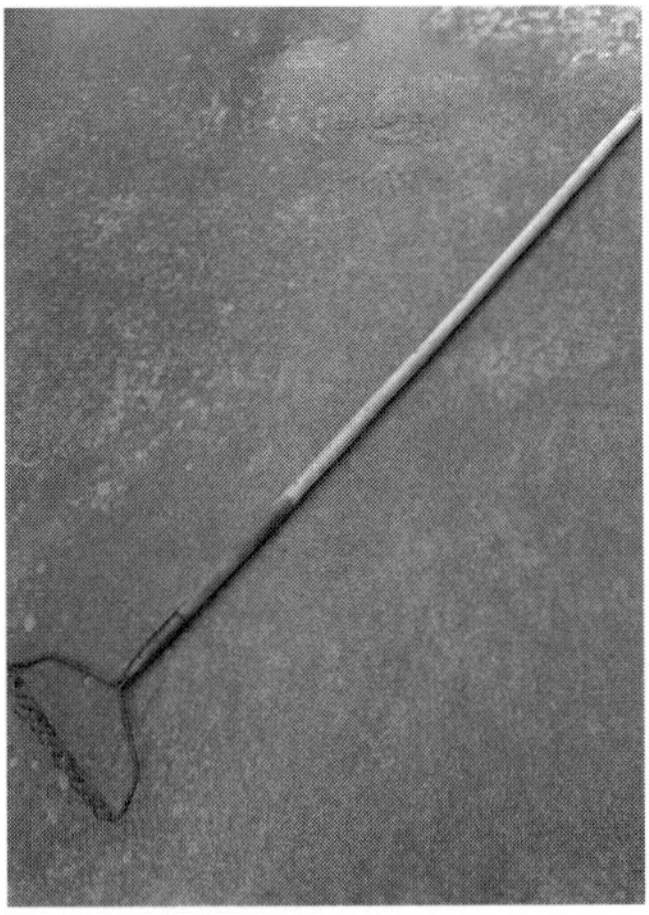
アメリカンレーキ

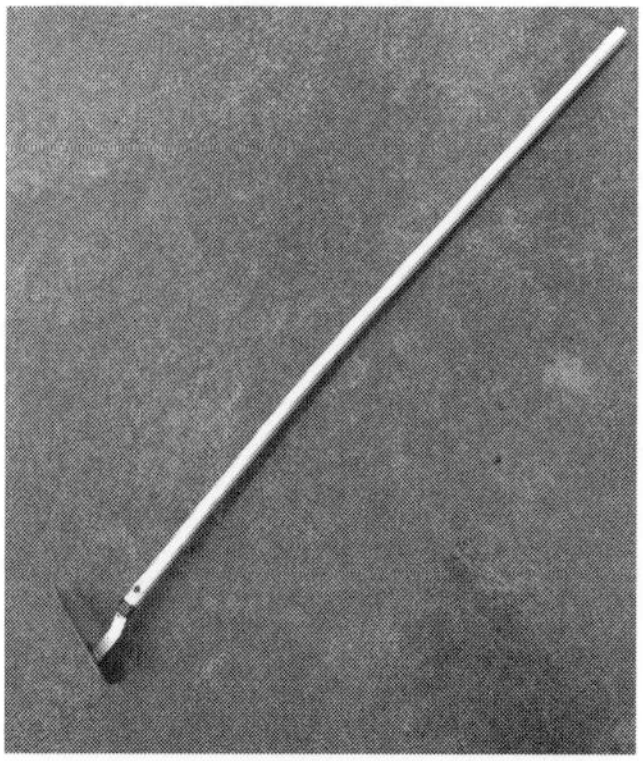

三角ホー

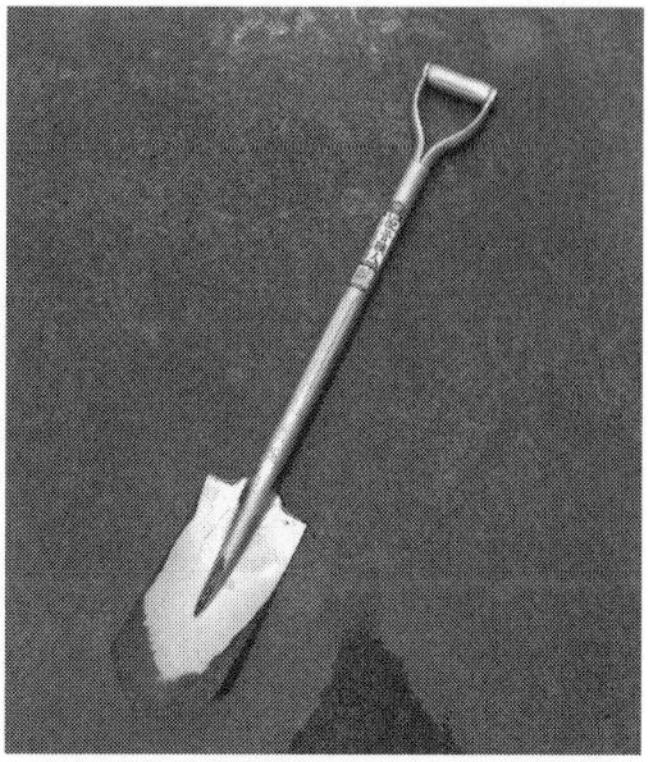

配管用スコップ

ホンダこまめF210

ホンタこまめF210・F220用
ニュースターローターDX分割型

培土器

理機の**ホンダこまめF210**（後継機種F220）。家庭菜園用で一番売れている機種のひとつでオプションもたくさん出ています。

うねを立てるときに便利なのが**培土器**、そして**ホンダこまめF210・F220用ニュースターローターDX分割型**。

うねを動かさない風来の畑では、小さくうねとうねの間を耕せるのは重宝します。

管理機は、ここで紹介した機種に限る必要はありませんが、**価格も安く、オプションもたくさん出ていて、修理もすぐに対応してもらえる家庭菜園用のものがおすすめ**です。

現在は「農資材専門のネットショップ」もあります。

安価で家まで運んでもらえるので、風来でも重宝していますが、基本の3つ（平鍬、三本鍬、アメリカンレーキ）は、実際手に取ってなじむものを選んでください。長いつき合いになりますから。

私の場合、平鍬は農協で、その他のものは、実際手に取れる大型ホームセンターで購入しました。

ちなみに、メインプレーヤーである管理機（ホンダこまめF210）は、ヤフーオークションで、**約3万円**で購入しました（↓巻頭カラー口絵8ページ）。

内緒にしておきたい、安く手に入れる裏ワザ

ネットオークションでは、大型の農業機械の売買もさかんですが、中古を買うときは、**個人からの出品より農業機械を普段から扱うお店からの出品**のほうが、メンテナンスもしっかりしているので安心です。

また、農業消耗品（ビニールマルチなど）は、「農資材専門のネットショップ」で購入することも多くなりました。

買いに行く時間も省けますし（風来の場合、近隣に大型ホームセンターがないため）、重いものは家まで運んでくれるので助かります。

ただ、ものによっては高くつくこともあるので、ホームセンターに行き、常時買う

ものは価格をメモして比較しておきましょう。

また、内緒にしておきたいところですが、**安く手に入れる裏ワザ**があります。

いつも利用している農資材専門のネットショップ「**日本農業システム**」(http://www.nou.co.jp/ アイアグリ株式会社)では、アウトレット品(ちょっとわけあり商品)が販売されています。

使用するには問題なく、腐るものではないので、普段使いたいものが出たときにはすぐ購入しています。私の場合、ビニールマルチなどを購入する際、重宝しています。

こうやって、ネットで農業資材が買える時代になったのはすごいことだと思いますが、**エンジン付きの農業機械**は、農業の特性上(泥にまみれたり、荒々しく使われるため)、信頼できるところから買わないと、修理代のほうが高くついたりします。事実、私自身がそれで痛い目に遭いました。

ですので、新品を買う際は、近所の農協から購入することにしています。

新品の場合は、価格差もそれほどありませんし、それぞれの農協単独で修理工場を持っているので、故障したり何かあった場合に気軽に持ち込めるからです。

1年目に100万円の売上を目指す「ビジネスプラン」

農地と家も借り、研修していざ独立というプロセスですが、その前に本気で考えなければならないのが、**何を育て、誰に売り、どう稼ぐかという「ビジネスプラン」**です。

借りた畑の広さや地形、地域の気候、持っている設備によっても変わってくるので、何が正解かというものはありません。

ただ、いい野菜を育てることばかり考えてしまうと、「経営的視点」が抜け落ち、目標が漠然としてしまいます。

そんなときは、**目標所得（利益）金額から逆算**すると、現実が見えてきます。

前にも触れましたが、ご夫婦で小さいお子さんがいる場合は、**夫婦合わせた世帯年**

収で最低350万円はほしいところです。

もちろん、初年度の農業所得（売上高ではなく利益）でそこまでいくことはないでしょう。風来単体で所得（利益）が350万円になったのは4年目です。

それぞれのペースもあると思います。ただ、他の仕事やアルバイトを合わせてでも、その金額を目指しましょう。いずれうまくいくだろうと甘く見ていると、「貧すれば鈍する」の言葉どおり、どんどん行きづまってしまいます。最初の心に余裕があるうちにこそぜひ、**農業だけの売上で1年目に100万円**に届けば、将来の可能性は大きく開けます（1年目に到達しなくても、まずは売上100万円を目指しましょう）。

1から10にするのと同じくらい、ヘタをすると、それ以上に大変なのが「0を1にする」こと。足がかりさえつくれれば、後は売上も大きくしていくことができます。

じゃがいも、玉ねぎなど「中量中品種栽培」があなたを救う

そのために、何を育てるか？

私の場合は、初年度は農業法人でアルバイト（妻は看護師の仕事）をしながら、漬物用の野菜（白菜を中心に、夏場はきゅうり、ナスなど）を栽培しました。

ただ、外に仕事に出ると、なかなか畑に出る時間が取れません。

そういったときは、**「中量中品種栽培」**もおすすめです。

「中量中品種栽培」なら、「少量多品種栽培」ほどたくさんの種類を育てないのでそれほど手間がかからず、「大量単品栽培」ほど集中しないのでリスク分散になります。

そんな「中量中品種栽培」に向いているのが、かぼちゃ、さつまいも、じゃがいも、玉ねぎ、にんじんなど。その中から何種類かを選んで栽培します。

これらの野菜に共通しているのは、**無農薬でも比較的栽培しやすい**こと、そして**コンスタントに需要があり、なによりいいのは収穫した後も日持ちする**ということです。

これなら無理せず販売していくこともできます。

どの野菜が単位面積あたりどのくらい収穫できるのかについての平均値は、農林水産省が出している「農業経営統計調査」（http://www.maff.go.jp/j/tokei/kouhyou/

noukei/index.html）でわかります。

そこから自分の畑の計画と照らし合わせて、収量、売上を計算してみます。

自然相手の農は、思いどおりにいかないことのほうが多いのですが、逆にいくらでも自然のせいにできてしまいます。

今年収入が少ないのは天候が悪かったから、技術がまだ足りなかったからなどなど。

そうではなく、もし最大限に収穫できたとしても、目標金額を達成できるかどうか、そのあたりを冷徹な目線でしっかり考えなければいけません。

もし目標に足りないようであれば、副業や他の方法も視野に入れましょう。

資金調達の裏ワザ❶――「NPOバンク」の活用法

ビジネスプランをつくることと同時に大切なのが、**資金をどう引っ張ってくるか**ということ。

これまで起農時の資金と言えば、銀行から借りる、農業の場合は「就農支援金」をもらうのが普通でした。

しかし、借金も補助金もないほうが精神的にもかなり自由になります。

小規模多様性農業の場合は、それほど資金もかからないので（私の場合は１４３万円）、自己資金でまかなうことも十分できます。

ただ、農業の場合は、いったん軌道に乗るまで時間がかかるので、その間の生活費を確保するほうが大変かもしれません。

そういった意味では、多少余裕があったとしても、別の方法で資金調達するのも手です。そのひとつが「**NPOバンク**」です。

ＮＰＯバンクとは、おもに環境や福祉などの市民事業に融資する非営利金融機関の総称で今、全国各地にあります。

代表的なところでは、「**未来バンク事業組合**」（http://www.geocities.jp/mirai_bank/）や、「**コミュニティ・ユース・バンクmomo**」（http://www.momobank.net/）があります。

一過性の補助金より持続性があるということから、現在では環境省や各自治体が支援しているところもあります。

金利も単利で1〜3%と低いのが魅力的ですが、なにより**つながりが広がる**ことがこれから起農する人の大きな力になってくれます。

「NPOバンク」に出資している人は（私も出資しています）、お金が回ることで世の中がよい方向に向かってくれればと思っている人が多いのが特徴です。

非常に意識が高く、環境保全・安全な食の提供という意味での農業であれば、興味を示してくれます。

もちろん、ビジネスプランがしっかりしていないと、融資してもらうことはできませんが、融資してもらえるとなると全力で応援してくれますし、経理やマーケティングのアドバイスももらえます。

起農したばかりの人にとって、このアドバイスを受けられるだけでも非常に心強いものです。

そして、出資している人たちに広報されるので、融資してもらったうえに**出資者がファン**になってくれる可能性もあります。

最初から大きな金額を借りなくても、ご縁を広げるという意味で融資をしてもらうのもいいでしょう。

よく「お金は社会の血液」と言われますが、このような組織に少しでも関わると、まさにコミュニケーションツールのひとつだと実感できます。

資金調達の裏ワザ❷
——「クラウドファンディング」で〝円〟と〝縁〟を

そして、資金調達で農業と相性がいいのが、「**クラウドファンディング**」です。

クラウドファンディングとは、インターネット経由などで「志」のある事業や組織に共感した不特定多数の人が、財源の提供を行うことを指し、群衆（crowd）と資金調達（funding）を組み合わせた造語です。

世界中に広まっていますが、日本には東日本大震災以来、徐々に定着してきました。

風来でも、過去2回活用させていただきました。

「FAAVO（ファーボ）」（https://faavo.jp/）というサイトで、1回目は刈りながら草を細かく砕いてくれる「ハンマーナイフモア」という機械購入のためでした。

そのときの風景がこちらです（すでに終了）。

●クラウドファンディングで「ハンマーナイフモア」を購入（↓巻頭カラー口絵8ページ）

https://faavo.jp/ishikawa/project/45

これは、2012年に始めた「炭素循環農法」に必要だったためですが、当初の目標額は22万円でした。

しかし、最終的には**達成率192%の42万3000円**になり、驚きました。

そして、2回目は、2014年12月はじめに、大雪でビニールハウスがつぶれてしまい、その再建資金のためでした。

●クラウドファンディングで「ビニールハウス」を再建（↓巻頭カラー口絵8ページ）

https://faavo.jp/ishikawa/project/430

こちらは厳密には私ではなく、災害を知った友人が立ち上げてくれました。

当初の目標額は30万円でしたが、最終的には**達成率236%の71万円**となりました。本当に感謝しています。

クラウドファンディングの仕組みを簡単に言うと、プロジェクトの目標達成額を決め、期間内にその達成額に達すれば成立。達成しなければ不成立となります（出資者のところに返金されます）。

達成した場合、クラウドファンディングを提供している会社から手数料（約2割）を引かれた分が振り込まれます。

また、成立すると、**出資者に出資金に応じたお礼を送る仕組み**となっています。達成しなければ手数料はかからないので、ある意味金銭的なリスクはありません。

ネットで広く募集するので、「NPOバンク」より応援してくれる人が多くなる可能性がありますが、信用性が担保されないと出資も集まりにくいので、クラウドファンディングを利用する場合は、起農してある程度実績がないと、難しいかもしれません。

　でも、こういった仕組みが出てきたこと自体、すごくありがたいことだと思います。

　農業仲間でも、このクラウドファンディングを使って成功している人がたくさんいます。

　能登島（石川県七尾市）にオリーブの樹を植えようと、オリーブの苗木の購入資金を募集した農事組合法人ラコルト能登島専務の洲崎邦郎《すさきくにお》さん（ＮＰＯ法人アグリファイブ理事長）は、目標金額25万円のところ**達成率129％**。出資した人がそのまま応援団となり、年に一度の苗植え会には毎回多くの方が集まっています。私がクラウドファンディングを知ったのは洲崎さんの活動が新聞に取り上げられていたからです。

　また、こだわりの養鶏のために井戸を掘りたいと挑戦した堂下夫妻も目標金額50万円を達成（**達成率125％**）。脱サラルーキー農家の挑戦と、３軒の自然栽培農家が協力して「ハンマーナイフモア」の購入資金プロジェクト（目標金額30万円のところ**達成率120％**）も成功しました。

私の身のまわりの人だけでも、これだけの方が挑戦し、成功させています。

もちろん、本人たちの努力があってこそですが、環境の時代、命の時代となって農のイメージが上がっていることが成功要因のひとつではないかと思います。

せっかくですから、能登島の洲崎さんと私のように、プロジェクトが終わった後でも、イベントでご縁がつながっていくのが理想だと思います。

「個人通貨」という考え方

大切なお金とわかっていても、起農するときは最初にどうしてもお金がかかります。10万円単位のものを買っていると、普段より金銭感覚が麻痺してきます。

そんなときに、お金の価値をもっと身近に感じるためにと考えたのが「**個人通貨**」という発想です。

身近な商品をお金の単位に置き換えてみましょう。

たとえば、風来では、当初の通貨単位は「**キムチ**」でした。レートは当時、1袋150gを200円で卸していたので、**1キムチ＝200円**としました。

簡単な遊びのようなものですが、農業資材もこれを買うのに10キムチ必要（つまりキムチを10袋売る必要がある）と思うと、自分でつくろうと思うものです。

金額は、本来絶対数なのですが、ついつい「他と比べて普段より○割引だから得した」と思いがちです。

「個人通貨」という考え方を導入すると、**ものの価値が自分主体**になるから不思議です。

ちなみに、就農3年目に建てた店舗兼加工場兼自宅は「**10万キムチ**」です。

ようやく残り数千キムチになりました（笑）。

個人通貨の話を友人にしたら、「俺は1トマトかな」ということで盛り上がりました。

ちょっとセコくなりますが、日本人が苦手なお金の話も、これならフランクにできますし、なによりお金がグッと身近に感じられるようになります。

屋号を「無農薬野菜 風来」から「菜園生活 風来」にした理由

農家の屋号（会社名）は、名前や苗字、または所在地の地名を取った「○○農場」とか「○○農産」というのが一般的ですが、私が起農するとき、両親からは「（名前が栄喜《えいき》なので）『○栄農場』（これで「マルエー」と読むらしい）はどうだ?」と提案されたのですが、まったくピンときませんでした。

そんなときに、ふと浮かんだのが「**風来**」です。

風来には、多くのお客さん（風）にきていただけるように、そして畑のあるところが日本海近くでいつも潮風がきている、風が吹き抜ける畑だから、という意味が込められています。農にとって風は欠かせないものですから。

実は、この「風来」という名称にしたのは、他にも意味があります。

「風来」という屋号なら、「無農薬野菜 風来」「無添加漬物 風来」はもちろん、「喫茶 風来」でも、「民宿 風来」でも、「ビストロ 風来」でも、「甘味所 風来」でもなんでもいけます。極端に言えば、「バー 風来」でもいける。

そんな将来を見越し、百姓スタイルを取り入れた**融通のきく屋号**にしました。

もし、「〇〇農園」と枠を決めていたら、今のように、生産も加工も教室もすべてできなかったかもしれません。本当に、風来という屋号にしてよかったと思っています。

当初の段階では、「無農薬野菜 風来」だったのですが、今は「**菜園生活　風来**」と名乗るようにしました。

野菜の収穫場所としてだけでなく、**畑を多方面から考える場**にしたいからです。

たとえば、これまでなら雑草としか見ていなかったよもぎを「よもぎ団子」にしたり、菜園教室を開催し、草むしり自体をイベント化するなど、今は**畑を「舞台」ととらえた自由な発想**をしています。

また、「菜園生活　風来」にしてからは、お酒などを各自で持ってくる「持ち寄り飲み会」をよく開催するようになりました。

飲めば飲むほどお小遣い（場代）が入る私にとっては、理想の飲み会です（笑）。

小さいからこそ、柔軟に対応していくことが必要です。屋号はそれを形で表したものになります。

どんな品種を育てるか？「はじめの一歩」はこうする

私が就農した頃（１９９９年）は、無農薬栽培の技術自体があまり普及しておらず、まさに手探り状態でした。

そのために、虫喰いで白菜を全滅させ、大変苦労しました。

現在では、無農薬栽培自体にも様々な技術が出てきて、広く認知されるようになってきました。

起農当時を思うと、正直うらやましくもありますが、無農薬だからといって虫喰いがあることが許されなくなってきて、ある意味〝厳しい時代〟になったのかもしれません。

そして現在、一般的な慣行栽培、有機栽培、無農薬栽培、無肥料栽培、自然農法などたくさんあって、どこから入っていけばいいのか、難しくなったとも言えます。

こんな野菜が育てたいとハッキリした目標があればいいのですが、なかなかそんなものはありませんよね。私自身もそうでしたから。

農法は経験していくうちに少しずつ自分なりのやり方、考え方もまとまってくるものです。

そういった意味では、たとえ目指している農法と違っていても、一度は慣行栽培をしているところで研修するのもいいでしょう。

スタンダードな技術がわかれば、その他との違いもわかります。

また、最初から独特な農法から入ってしまうと、失敗したときにどうすればいいか、わからなくなりますが、慣行栽培の基本がわかっていれば、いつでも立ち戻ることもできます。

そして、農法とともに最初に悩むのが、**どんな品種を育てるか**ということ。

在来品種（その地域に昔から伝わってきたもの）は、その地域の気候に強く、無農薬栽培も比較的容易なものも多いのですが、発芽のタイミングがそろわず（一度に全滅するリスク回避のためにバラバラに）、商売用としては使いづらいところもあります。

現在主流のF１品種（育種交配による品種）は、形、味、収量において安定していますが、**慣行栽培（農薬・化学肥料使用）を前提としているので無農薬で育てるのは少し難しい**ところがあります。現在風来では、在来品種を中心にしつつ、長く売れているF１品種も育てています。

それぞれの地域、畑で合う品種も違ってきます。

その土地の農家の方に聞いてみるのが、自分の畑に合った品種を早く見つけられるコツだったりします。

また、夏野菜（トマト、きゅうり、ナス、ピーマンなど）は、最初から無理せず、苗で購入するのもいいかと思います。

品種も大切ですが、育て方によって安全性、味は大きく変わりますから。

これだけはやってはいけない3か条

畑をやっていく中で、最初にどうしてもやってしまうことがあります。
そんなやりすぎてはいけない3か条がこれです。

- **耕しすぎない**
- **水をあげすぎない**
- **肥料をあげすぎない**

畑は、トラクターや管理機などで耕すのが普通ですが、どうしても土が細かくなりすぎてしまいます。人の目からすると、細かいほうがふわふわした土に見えるのですが、人工的に耕したものは、均等な分、時間が経つと雨などでより固まってしまい、水はけも悪くなってしまうのです。そうなると、野菜の根も伸びなくなってしまいます。**少し土の塊があるくらいが空気も入っていい感じ**になります。

また、これは家庭菜園をやる方にも多いのですが、**水のあげすぎにはくれぐれも注意**です。

水をあげすぎると、根腐れといって、根が枯れてしまうことがありますし、そこまでいかなくても、水をもらえるのが当たり前になってしまうと、根は水を求めて伸びていくときに成長しなくなってしまいます。

茎や葉などの地上部は、根などの地下部と表裏一体ですから、根が強くないといい実もつきません。ただ、小松菜などの葉もの野菜は短期集中なので、水は必要になってきますが、それにしても根腐れするぐらい水をあげすぎるのはよくありません。

そして**肥料のあげすぎも禁物**です。実は、**これが一番やっかい**です。

まさに、よかれと思っての肥料ですが、私自身にも失敗談があります。

起農当初、よかれと思って堆肥や有機肥料はもちろん、「微量要素」と言ってマグネシウムや鉄、硫黄、ホウ素などをそれぞれ購入して施肥。本来、本当に微量しか含まれていないものを人工的に施肥してしまい、土のバランスが悪くなってしまいました。

また、いったん多く入った肥料分を抜くのは大変です。

微量要素は実験を兼ね小面積でやったのでまだよかったのですが、それでも正常な状態に戻すのに**2年**ほどかかりました（トウモロコシなど、肥料をたくさん吸う野菜を育てて肥料を抜く作業が必要となりました）。

まさに、すぎたるは及ばざるがごとしです。

本来、土は自然に肥えていくようにできています。「酸性土壌」と言って一番野菜が育たないところにまっ先に生えてくるのがスギナです。スギナが枯れると、土が中性になっていきます。また、固い土に生えるのが根が強いイネ科の雑草。これらの根の跡が水はけをよくしてくれたりします。

そういったことに気づいたのは、私自身が失敗したせいですが、**畑仕事はなにより日々観察することが大切**だと身にしみています。

さらに「**タイミングによっては何もしないのも畑仕事**」だということも重要です。

当初、畑仕事が混み合う時期に、時間がないからと雨が降った後でも無理やり土を耕したりしていましたが、その後、急に晴れてきて土が余計に固まったこともありました。人の都合に合わせるのではなく、**自然の都合に合わせる**ほうが結果的にはうまくいくのです。

加工で「絶対差」をつける方法

これから「小さい農」を始めるなら、どうしても加工・直売は取り入れたいところです。

加工することは、付加価値をつけて高く売ることにとどまらず、**価値を長く維持でき、畑で稼げるムダを少なくできる**など、多くの利点があります。

ただし、加工は加工場や冷蔵庫などの初期投資、ランニングコストがかかるので、加工をするなら、**1年中販売できる体制**にしないと、もったいないです。

しかし、少しでも加工を取り入れてみたいという人には、昔からあるスタンダードなもの、たとえば**梅干やたくあん、味噌**をすすめています。

共通しているのは、**冷蔵庫のない時代からつくられていたもの**です。

たくあんの場合、冬場だと設備費があまりかかりませんし、固定ファンのいる漬物なので、商品として一本立ちできるということがあります。

ただ、販売するとなると、漬物製造の申請の手間、それにともなう専用の水場など設備費がかかりますので、**最初は教室スタイル**（教室なら加工免許はいらない）にして、**売れると確信が持ててから販売**するのが無理のないやり方です。

ともあれ将来を見越して、加工技術を起農前から身につけておくというのは、絶対にムダにはなりません。

人生の先輩、もしくは料理教室で活きた知恵を学び、レシピサイトから知識を補強してあなた独自のオリジナルにしていくと、唯一無二の「**絶対差**」が生まれます。

そして実際につくり続けましょう。

加工技術は「絶対差」の世界、やればやるだけ上達していきます。

風来のスタートは、母から受け継いだキムチでした。

母が知り合いの韓国の方から教わったものですが、母の代で日本人向けにアレンジされていました。もちろん、おいしかったのですが、若い世代には少し甘いかな？と思ったので、野菜の味を引き立てるためにも、甘さ控えめにしました。

人の味覚の中では、甘味と辛味が一番反応しやすいものです。

最初の頃は、「もっと甘いのがいい」「甘すぎる」「辛味が足りない」「子どもには辛すぎる」「韓国のキムチと違う」といろいろ言われました。

そのたびに、（もちろん大きくは変えていませんが）つい甘味を控えたり、辛味を多くしたり、少なくしたりしてしまって、味が定まらず悪循環になりました。

これではいけないと、自分にとって一番おいしい味でいこうと決め、ＨＰにも**「風来のキムチ、材料は本物、しかし本場の味ではありません。ごはんに合う日本人が毎日食べ続けられる味です」と味覚チャート**も載せ、どんな感想をいただいても断じて変わらぬ味にしました。

何年も続けていくうちに常連さんもつき、何回もまとめ買いしていただく方も増えてきました。

味覚は人それぞれですし、お店によって味も違います。

すべての人を満足させるのは無理ですから、風来の味を気に入られた方だけでいいと、だんだん思えるようになりました。そんな自信を与えてくれたのは、何年も買い続けてもらっているリピーターの方がいるからこそ。

妻がキムチを含め、漬物担当になって久しいですが、時期によって違う原材料の白菜やりんごなどを、キムチという商品にしたときにはいつも安定した味を出しています。これぞ経験による「絶対差」。他にはマネできない味わいです。

また、農業と加工の双方をするなら、パートナーと役割分担する形にしたほうが長く続けられます。

パートナーと言っても、奥さんやダンナさんに限らなくてもＯＫです。

農家仲間には、２家族で役割分担しているところもありますし、女性２人で起農しているところもあります。

石川県の能登地方にある「菜友館《さいゆうかん》」(http://www.saiyuukan.jp/)は、2012年に2家族で新規就農しました。

まったくの未経験者が集まり、初年度は売上(所得〈利益〉ではない)が**45万円**というある意味、〝ツワモノ・スタート〟でした。

特徴は、栽培する野菜の主力を**さつまいも、じゃがいも、にんじん、にんにくに集約**。それらを、さつまいもチップス、干しいも、ポテトチップス、乾燥にんじん、黒にんにくなどに加工して販売しました。全国の催事に出たり、自然食品店でも人気で、現在、**畑4ヘクタール分すべてを加工品で完売するくらいの人気**となっています。

「菜友館」のすごいところは、**2家族でそれぞれ役割分担**しながらやっているということ。食への安全性やおいしさがあっての人気はもちろんですが、フェイスブック(https://www.facebook.com/saiyuukan.noto)で発信している2家族の和気あいあいとした雰囲気が、ファンが多い秘訣なのではないかと思っています。

夫婦の「役割分担」はどうすべき？

第1子が生まれて少し落ち着いたのが、2001年4月（ちなみに、風来の開業は1999年4月）。それから妻も風来の一員になりました。

その頃は、まだ注文も仕事内容も安定していなかったので、その日、そのときに「今日は畑の作業の○○を手伝って……」など、行き当たりバッタリの状態でした。

妻は、それでも子どもの面倒を見ながら手伝ってくれました。

そう、そのときは、仕事的にはパートナーというよりお手伝いをしてもらっている感覚でした。

わが家は仕事場が1階で住居が2階なのですが、妻がなかなか降りてこないと、何やっているんだ！　とつい思ってしまいました。

今思うと、精神的にも金銭的にも余裕がなく、自分ひとりでなんとかしなきゃ……

たのです。

と、当初の起農の目的だった「幸せになること」がまったくおいてけぼりの状態だっ

その頃を振り返ると、妻も「あの頃は、私も初めての子を育てている最中で、自分も余裕がなかったけど、そんなことを言い出せないくらいあなたは怖い顔をしてたね」と言っていました。

当時、妻からは、「仕事はもちろん手伝うけど、こちらにも予定があるから何をすればいいのか、事前に教えてほしい」ともっともな言葉をもらいました。

そこで妻には、風来の仕事は午前中いっぱいにしてもらい、午後からは家のこと、子育てに集中してもらうことにしました。

それまでは、一緒に畑仕事に出たり、漬物をつくったりしていたのですが、そうすると時間で仕事を割り当てられません。そこで妻は漬物づくり、漬物の袋詰めと、役割分担することにしたわけです。

役割分担した最初の頃はとっても心配だったのですが、逆に担当が決まったことで責任感が出てきて主体的に動くことになりました。

結果、妻から「風来ママのお菓子ってどう?」と提案されるまでになり、まさに〝経営のパートナー〟になりました。

畑仕事もそうですが、漬物などにも合間合間にやる仕事があります（下漬けしたものができあがる時間や、漬物袋のシール貼りなど）。

妻は妻で、自分のやりやすいタイミングでやってくれています。

おかげで互いのストレスもなくなりました。

夫婦だからこそ、おもいきってまかせること、各々が責任感を持つことが、本当に大切だと実感しています。

今は妻が漬物、お菓子、配達担当で、私が畑仕事の担当です（日によっては妻のほうが忙しいときが多々あります）。

今も思い出すのですが、起農初期に、何かのタイミングで注文が少ない日が続き、私は内心あせっていました。

そんなとき妻から「せっかくなので家族で遊びに行こう」と極めて楽天的な言葉をかけてもらいました。

これは、妻の性格なのか女性の強さなのかわかりませんが、それでずいぶん救われました（今も救われています）。

夫婦そろって前のめりだと、何かあったときに行きづまってしまいますが、どちらかが楽天的なほうが、商売を長く続けていくうえでいいのかもしれません。

もちろん、夫婦それぞれ得手不得手もありますが、**家族経営は絶対に役割分担したほうがいい**と思います。

最初から成功させる「直売」のコツ

何はともあれ、風来式「小さい農」に必要になってくるのが**直売のコツ**です。

当初、コンスタントに売れるものがないときは、大型直売所に出すのもいいでしょう。売れた分だけを精算する（手数料15〜20％）ので気軽に出せます。

そして、ある程度販売品目がそろってきたら、収穫祭やマルシェ、朝市などに出店してみましょう。

どう出店していいか、最初は難しく感じるかもしれませんが、今は地方創生ということで、市や町を挙げてのイベント（朝市、収穫祭）をやっているところが多くあります。

市役所の農政課もしくは産業振興課に聞くと紹介してくれますし、そういったイベントに顔を出して出店者に聞いてみるのもいいでしょう。

私も最初は、町の朝市に顔を出して交渉しました。

市や町でやっているところは、参加費もそれほどかからないので、気軽に参加できます。

また、どちらかというと供給不足なので、出店はウエルカムのところが多いのです。ひとつのところで信用を得られると、あちこちのイベントから声がかかるようになってきます。

そんなイベントで、他店舗の様子を見るのもとても勉強になります。

また、イベントには、必ず**名刺**を持っていきましょう。農家の中には名刺を持っていない人もいますが、これはとてももったいない！　ビジネスチャンスをみすみす逃しているようなものです。


最初の頃、経営的にとても助かっていたイベントへの参加ですが（毎年10～11月は毎週何かしらのイベントに参加しました）、当時はまだ無農薬、無添加と言っても、あまり興味を喚起できず、どの町からきたの？　というほうが重要視されました。

また、イベントはその場限りの売買が圧倒的に多いこともあり、徐々にネット販売が忙しくなってきてからはイベント参加を控えるようにしました。


しかし、改めて最近、イベントに参加してみたところ、そこで配った名刺がきっかけで、後日フェイスブックで多くの人とつながれました。

その人たちがＨＰで注文してくれたり、風来の教室に参加してくれることも増えてきました。

時代はまったく変わりました。
今はフェイスブックで友達歓迎にしておくと、ご縁が次々つながります。

イベント販売がうまくいくとき、ダメなとき

イベント出店を続けていくと、いろいろなイベントから声がかかってきます。

一般的なイベント（町の朝市など）は集客力があるので、その日の売上が上がっていいのですが、クラフトショップ（手づくり製品）のイベントやロハス的イベントは、意識の高い人が多い（生活にこだわる人は食にもこだわる人が多い）ので、その場の売上はそんなになくても、長くつながれる人の率が高いです。

どちらを重視するかで選んでいきましょう。

イベントでは、漬物は屋内だといいのですが、屋外で直射日光に当たるような場所だとそれほど売れません。あと、都市部の街中のマルシェ（市場）だと売れそうです

が、野菜（特に大根など重量野菜）やお米など持ち帰りが大変なのか、けっこう苦戦します。

イベントで圧倒的に強いのは、その場で揚げたコロッケや、ニジマスの塩焼などです。

HPでは人気の風来の漬物ですが、イベントの場合、漬物メインだとインパクトが弱く、その場で売り切れないことも続きました。

そこで、途中からイベント専用に炊き込みごはん（↓巻頭カラー口絵5ページ）やカレーを持っていくことにしました。もちろん、農家らしく自家製野菜を使用するなど、特長を前面に打ち出しました。現在では、ごはんものなしで参加することは考えられなくなりました。

イベントは、その場ですぐ食べられるものなら集客力があります。

ごはんものを買っていただくと、そのついでに漬物も買ってもらえるという相乗効果が出てきます。

最初の頃は、どんなイベントにも積極的に参加していましたが、平日が忙しくなってきたこともあり、週末に開催されるイベントへの参加は控えるようになってきました（そうしないと休みがまったく取れないので）。

今は**1日5万円以上の売上**を見込めるか、**自分が楽しめるか**ということを参加基準にしています。そうでない場合は、自主運営の「ベジベジくらぶ」(https://www.facebook.com/groups/599755613387393/）を開催したほうがいいですから。

HPでは、なぜ電話番号が重要なのか？

そして現在の直売と言えば、ネット販売です。

ここで、準備しておいたHPをいよいよ開設するときです。

私の場合、風来のHPを開設して1年くらいしたときに、県の中小企業支援センターでネット販売の教室があると聞きつけ、参加しました。

ＨＰの見せ方、ＳＥＯ対策（検索で上位にくる方法）など、ネットショップ運営の基礎を教わりながら、業種の垣根を越えた仲間もでき、刺激になりました。

ＩＴの世界は、ドッグイヤーどころかマウスイヤー。当時と現在では、ＩＴのテクニックがまったく違います。

でも、こういった支援センターでのセミナーは、今も各都道府県で行われています。最新情報も聞けますので、参加してみてはいかがでしょうか（各都府県の中小企業支援センターや各商工会に問い合わせましょう）。

そしてＨＰで販売を開始したら、ヤフーオークションなどで販売するのもおすすめです（私も当初何回もやりました）。

そのためにも、起農前から個人でネットオークションに出品して慣れておくのもいいでしょう。

野菜セットなら野菜セットを出品してみて、いくらぐらいで落札されるか試してみると、このくらいで買ってもらえるのだと客観視できます。

あと最近多いのが、どう見ても、ＨＰを見ているのに、フェイスブックのメッセージから注文が入ってくるというパターン。これはひとりの客ではなく、「個人〇〇」として見てほしいというあらわれではないかと思います。

風来のように小さいところでは、１日10件も発送できれば十分生活していけます。少ないからこそ**密度**が大切。そういう意味では、こういったお客様はとても大切です。

また、ＨＰには**わかりやすいところに電話番号**を入れておきましょう。

風来のＨＰでは、**どのページの右上**にも表示してあります。

電話番号があること自体が信頼につながりますし（固定電話番号のほうがより信頼度が増す）、実際、電話での注文を多くいただいています。

電話注文される方の中には、パソコンやスマホをお持ちでない方もいらっしゃいますが、ＨＰで注文できる環境にありながら、直接電話をかけてこられる方が圧倒的に多かったりします。

それこそ信頼が置けるのか、直接確かめたいというのがあるようです。

いったん信頼をいただけると、たくさん注文いただけるのも電話注文の特長です。

広告宣伝費は「ゼロ」にする

風来では、これまで**広告宣伝費に一銭も使ったことはありません**。

販売できる量も決まっていますし、ある意味ニッチなものばかりなので、漠然と広告を出したところで、費用対効果が見込めないからです。

それにもかかわらず、広告会社からよく電話がかかってきます（それだけＨＰの電話番号が目立つということでしょうか？）。

最初からセールスだとわかればすぐにお断りできるのですが、なかなか本題に入らないこともあります。

そういったときは「**それは有料でしょうか？**」と聞くことにしています。

相手方もウソはつけないので、有料か無料か答えてくれます。

有料だった場合は、「うちは小さくて売るものも少ないので、有料ではお断りしています」と。この受け答えだと短時間ですみますし、お互いにいいでしょう。

農業は、季節の風物詩としてマスコミでも取り上げやすく、しかも変わったことをしていると目立つので、地方新聞、地方テレビ局、雑誌等から取材依頼が入るようになります。

ただし、基本、マスコミに取り上げられても、商品メインでない限りは注文が一気に入ってくるということはありませんので、過度な期待はやめましょう。

それでも、認知度が上がることは確かなので、最初のうちはどんどん受けたほうがいいです。

風来としては、私自身が話好きということもあり、時間があるときはお受けしてます（なにせ記者の方々はみんな聞き上手）。現在のスタンスとしては、ブログネタや記念になるかな程度に思っています。

ネットの時代、非常に強力なのが口コミです。

信用している友人や知人が紹介してくれると、安い・高いの判断ではなくなります。フェイスブックをはじめとするSNSは、ネット上の口コミとも言えます。

風来も、ときどき商品を載せています。ただし、売らんかなの姿勢を前面に押し出すと逆効果です。コメントを書き込んでもらえることを意識して、さりげなく「こんなのできました」くらいがちょうどいいのかもしれません。


また、風来の場合は、一度購入された方が紹介してくれることも多く、購入者のご友人、また会社の同僚の方からご注文をよくいただいたりします。

ネット注文ではありますが、まさにアナログな口コミが支えになっているわけです。

ネット販売の場合は、発送してしまえば終わりとなりがちですが、「**送りました**」**メール**や簡単なものでいいので、**注文先を明記したパンフレット**を入れるなど、アフターフォローも意識しましょう。

いくら売れたかより、いくら残るか？

しっかり稼ぐうえで大切なのは、**いくら売れたかより、いくら残るか**という視点です。

つまり、**売上よりも「利益」が大事**ということです。

売上が少なくても原価率が低ければ、手元に残るものは大きいですし、逆に売上がどんなにあっても原価率が高ければ、手元に残るものは小さくなります。

そんな原価率とは、売上に対してどのくらいの経費がかかったかということ。

風来では、販売品の部門を3つに分けています。

①**生鮮**部門（生鮮品・おもに野菜セット）、②**自家加工**部門（漬物・お菓子など）、③**仕入販売**部門（農家仲間、また自然食品の中卸から仕入れたもの）です。

風来の原価率の目安としては、**生鮮部門で2割、自家加工部門で3割、仕入販売部門で7割**を目指しています。

生鮮部門が極端に低いのは（通常の農業の場合、原価率5割以上、人件費を入れると7割）、大きな農業機械を持っていないことと、そして炭素循環農法（無肥料栽培）に切り替えたために、肥料費がほぼゼロになったことが大きいです。

原価率に縛られてこだわりをなくしてしまうと本末転倒ですが、こういった考えを持つことで、どこに力を集中すればいいかわかり、これからの指針となります。

「DIY力」を上げることで、経営のディフェンス力が上がる

売上を上げる、出資してもらうなど、積極的にお金を取りにいくオフェンス力に目が行きがちですが、**いかに支出を抑えるかというディフェンス力**も同じくらい大切です。**原価率**を抑えることもそのひとつ。そして**設備費**をいかに抑えるかも大切です。

自然相手の農は、その田畑によって環境が違います。

市販品だけでは物足りないが、特注すると高価になるということで、農家は昔から市販品を改良してオリジナルな農機具を持っているという方も少なくありません。

農家の先輩には溶接作業も当たり前という人もいて、なければ買うというだけでなく、**ないならつくる**という発想を持つことが大切だと学びました。

起農3年目に、店舗兼加工場兼自宅を建てたのはいいのですが、設備費はできるだけ節約したいと思っていました。

その頃は冬になると、時間があり余るくらい暇で、体を動かさないとどんどん将来が不安になってきます。

それで机や店のカウンター、店の商品陳列棚などを手づくりすることにしました。

電動のこぎりやグラインダー（研削盤）、電動ドライバーなどの出費も痛かったのですが、材料費にそれら初期投資分を含めても、同程度のものを市販品でそろえるより**半額以下**ですみました。

そして、一度道具をそろえておくと、何かあったときにオリジナルなものをつくれます。

私自身、DIY（Do It Yourselfの略）の経験はまったく**ゼロ**。しかし、やっていくうちにどんどんできるようになってきました（もちろん切ってはいけないところで、木を切ってしまったりと失敗もありましたが）。

そして、こういった経験を早い時期にしておいてよかったです。

農業機械が故障しても、すぐに修理に出さずに自分でなんとかできないかと思うようになりましたし、自分で修理すると、構造がわかってきて応用がきくようになってきます。

また、現在では、農家の高齢化も進み、農機具や農業機械、ビニールハウスなどを手放す人も増えてきました。

「取りにきてくれるなら、タダで持っていっていいよ」と言う人もいます（市役所の農政課の方や農家仲間に、普段から声がけしておくとそういった情報をもらえるようになります）。農家は、特に**「DIY力」があることで、経営のディフェンス力**が上がるように思います。

個人ブランドをどうつくるか

風来では、漬物や加工品に貼るラベルは手づくりです。

そのラベルには、必ず「**源さんの**」というマーク（↓巻頭カラー口絵4ページ）が入っています。

「**無添加**」など、本来売りになるものは、**あえて小さく**入れています。

「源さん」というのは、私の大学時代のニックネームです。

これをやったきっかけは、起農同時期にできた「有機ＪＡＳ法」です。

有機ＪＡＳ法は、認証団体に認められると、「有機」と表示することができるという制度。

当時は表示基準もあいまいだったので、法的な整備が必要だと思っていましたが、同時に信頼性はいつまで保たれるのだろうという思いがありました。

そして「有機JAS認証農薬」「有機JAS認証肥料」というのがどんどん出てきました。

もちろん、安全性は高いのでしょうが、これまでの農薬が認証農薬へ、化学肥料が認証肥料へ変えたものも「有機」なら、昔ながらのイチから肥料も手づくりしているのも「有機」。中身は違うのに表示は同じもの。これでいいのかと思いました。


大量販売するには一定の基準は必要ですが、農家の想いまでは伝えられません。

風来は小規模なので、想いを伝えたい。そこで個人の信頼を高めようと勝手につくったのが個人ブランド「**源さん**」です。

「源さんマーク」がついていれば、何も説明しなくても、無添加であり安全。また源さんが紹介している商品もそういうこだわりがある――そこまで浸透してくれれば、どんな公の認証もいらないのではないか？　そう思いました。

なんと言っても、小さい起業家の最大付加価値はその店長のキャラクターです。

店主を前面に出すのは大手になればなるほどできません。

ですから、HPでも「源さん」を前面に出しています。

HPでは、野菜セットや自家製漬物、お菓子の他に無添加調味料も扱っています。

自然食品店に行けば、無添加しょうゆと言っても10種類以上あります。

しかし、風来では、**源さんが普段食卓で使っていて、味、安全性、コストパフォーマンスがいいと思っているもの1種類しか扱っていません。**

それでも、風来の野菜に納得してくれた方は、次回から追加で買ってくれたりしています。

有機、無農薬、無肥料、自然農法など栽培方法もいろいろ出てきていますが、個人のポリシーさえ知らしめておけば、たとえ農法が変わったとしても、お客様からの信頼度は変わりません。

小さいからこそ、個人をどんどん前面に出していくべきなのです。

なぜ、農家は「プレゼン力」を磨くべきなのか?

家族経営の場合、つい独善的になりがちなので、研修時代に知り合った農家仲間と**15年来勉強会**をやっています。

情報交換することで刺激になりますし、各々の個人ブランドの信用性が高まってきているので、仲間同士の商品をそれぞれのお客さんに販売してもらうことができます。仲間のものを販売することは、扱う商品が増えることになりますし、多少ですが、手数料も得ることができるので双方のメリットがあります。

さて、そんな勉強会も、最初の頃は栽培についてだけだったのですが、これからの農家に共通して必要なものは「**プレゼン力**」を磨くことではないか、ということで途中から近況報告会中心の会になりました（プレゼンとは「プレゼンテーション」の略で、売り込みたい企画など、効果的に説得するための技法のこと）。

ルールは、人が話している間は集中して聞くということ。

また、その回に指名された人は15分間与えられたテーマ（たとえば5年後の自分）について話す、ということもやりました。

人前で話すということは考えがまとまってないとできないので、自分を見つめ直すためにもとてもいい勉強になります。

日本人の特性なのか？　農家だからなのか？　農家の会合があると、「昨今厳しい農業情勢ですが……」が枕言葉になっています。

これは自己暗示をかけているようなもので、絶対やめたほうがいいです。

せっかく農が見直されている時代。もっと前向きな発言をしないともったいない。

同じ商品を扱っていても、暗い雰囲気のお店と明るい雰囲気のお店なら、明るいほうで買いたくなるのが人情ですよね。

もちろん大変なこともありますが、毎日書く日記（ブログ）には、仕事の愚痴は絶対に書かずに、どうしても書きたいときは、紙の日記に書いておきましょう。ブログは「読まれていることを意識」して書くのです。

そうすると、自分の文章にも変化が出てきます。

また、プレゼン力を磨くのにいいのが、ＳＮＳのツイッターです。

１４０字という字数制限があるからこそ、ムダな言葉がそぎ落とされ、言葉がシャープになってきます。

今の時代、どんなにいいものを育てていたり、つくっていたりしても、気づいてもらえなかったら、それは存在していないのと同じです。

せっかく個人が情報を出せる時代なので、ブログやツイッターやフェイスブックでも、日々プレゼンしているつもりでどんどん表に出ていきましょう。

大きな差がつく！　キャッチフレーズとコンセプト

プレゼンがギュッと詰まったのが、キャッチフレーズとコンセプトです。

風来のキャッチフレーズは、「**日本一小さい専業農家**」。

そしてコンセプトは、「**（安全でおいしいからこそ）毎日食べ続けられる味と価格**」です。

HPにしろPOPにしろ、もし自分ができなければ、プロにまかせてもいいのです。

ただし、このキャッチフレーズとコンセプトが言えないようだと、どこにでもある似たようなものになってしまいます。

キャッチフレーズとコンセプトさえ決まれば、経営の軸ができてきますが、それまでがなかなか難しいものですよね。

キャッチフレーズは、まさにキャッチーなこと、つまり一瞬にして耳に残りやすいことが重要です。

風来の場合は、**「日本一」**なのに**「小さい」**というギャップのおかげで、すぐに覚えてもらえます。

自分の特長を活かしつつ、一発で覚えてもらえるように考えてみましょう。

ギャップをどう活かすかがポイントです。

農家の先輩、近所の林農産（http://hayashisanchi.jp/）のキャッチフレーズは、**「23世紀型お笑い系百姓」**です。

農業とお笑いというギャップ、さらに23世紀って何だろう？　というギャップをついています。

意味するところは、「200年先の子孫に農地を残すために、農のよさをチャーミ

ング に伝える」という、実は真面目だったりするのですが、けっこうインパクトありますよね。

あと、日本人はダジャレ好きです。親父ギャグはバカにされるのですが、商品名にもダジャレ系が多い。ただ農業の場合、そのあたりが紙一重なのでケアしておくべきです。

たとえば、「どん百姓」とか「水呑み百姓」とか、一般的にマイナスなイメージのものに、ダジャレでキャッチフレーズにしているのも見かけます。

覚えてもらうにはいいのですが、いいイメージを残さないと意味がありません。そういった観点では、**農家の自虐ネタ、内輪ネタはご法度**です。

そして、コンセプトは具体的に地に足がついたものにしましょう。

私も最初は「農の未来を創造（想像）する」というのを思い浮かべたりしました。なんとなく格好はいいかもしれませんが、あまりに漠然としていますよね。

キャッチフレーズと比べても、コンセプトは実践していくうちに出てくるのを待つというのもいいですし、途中で変えてもいいと思います。

風来の場合は、私がバーテンダーの師匠から、「**お客様にまたきてもらえるサービスを目指せ**」と教えられたのがもとになっています。


また、どんなにいいコンセプトでも、まわりを絶対に攻めないこと。

無農薬や無添加をうたいたいばかりに、通常の商品に対して攻める口調になっているケースもありますが、あまりいい気持ちはしません。「北風と太陽」なら太陽のようなコンセプトを目指しましょう。

最近では、環境の時代、命の時代と結びつき、農業はイメージがよくなってきました。

さらに、先人のおかげで「農家は真面目」というイメージもあります。

先人に感謝しつつ、いいキャッチフレーズとコンセプトを見つけましょう。

農家は田畑にヒントあり。私がそうだったのですが、心がけていると、農作業しながらポンと出てきたりするものです。

PART 5

「農」でパラダイムシフトを起こす

農家になって感じた「2つの贅沢」

２０１１年のおおみそか、とあるラジオ局の特番で、「あなたにとっての本当の豊かさとは？」というテーマのトーク番組がありました。

そのとき、なにげなく私が応募したものが「準グランプリ」に選ばれました。

その内容がこちらです。

「農家になって贅沢には2種類あるとわかりました。ひとつは高価な最高級の味噌を買う贅沢。もうひとつは大豆を自分の手で育ててそれを味噌にする。これも贅沢。

前者の贅沢はひとりじめしたくなるが、後者の贅沢はお裾《すそ》分けしたくなります。**分け与えられる贅沢こそ本当の豊かさ**ではないでしょうか」

本当の豊かさとは何か？　という問い。これはまさに2011年3月に起きた未曾有の東日本大震災を受けてのこと。あの震災をきっかけに、多くの人の価値観が変わったと思います。

この本を手に取られている方は、少なからず今の日本に、そして世界に疑問を抱いている方が多いのではないでしょうか？

ただ単に儲けたいというのであれば、遠回りする必要はありません。株の売買など、もっと直接的なものは山ほどあります。

でも、今、全国各地で、新しい価値観で本当の豊かさに気づいた人が「農」に向かっているのだと実感しています。

「幸せを与えられる人」の共通項

前職の会社員時代、売上がすべてで前年対比超えが至上命題でした。

そんな際限のない世界がイヤになり、地元石川へ舞い戻ってきたわけです。

今度こそ、自分と家族が幸せになるために仕事しようと。

そこでハタと気づいたのが、「幸せって何だろう?」ということ。

誰もが幸せになりたいし、不幸にはなりたくないのに、改めて語り合うことってあまりありませんよね。

バーテンダー時代に師匠から教わったのが、「**サービス業の使命は、きていただいているお客さんに、その場、その時間、幸せでいてもらう**」ということでした。

その当時、勉強と称して、いろいろなバーを飲み歩きました。

コンクールで優勝したカクテルは確かにおいしかったけれど、そのバーの居心地がいいかというとそうでもない。

逆に、初めて行ったのに、とても居心地のいいお店もありました。

そんな居心地のいいお店の共通項は、**その店のマスターの家庭が安定**しているということ。幸せを与えている人は幸せ。そして、**幸せを与えられる人はその足元（家庭）がしっかりしている**。そんなことを思い出し、それが風来起農の指針となりました。

ストレスなしの「売上基準金額」が新時代の起業戦略

風来の場合、川下からの（サービス業の）視点で見ると、農業にビジネスチャンスがあると思ったのが起農へのきっかけです。

その川下からの発想を経営に当てはめたのが「**売上〝基準〟金額**」です。

通常使われているのが「**売上〝目標〟金額**」。これは、ノルマと言い換えられますが、これは目標金額以上の売上があればいいというものです。

それに対し、「**売上基準金額**」は、その基準金額に対して**プラス・マイナス5％以内に売上を持っていく考え方**です。

売上基準金額の95％未満なら、なぜ売上が悪かったのかを反省します。

違うのは、売上基準金額に対して**105％超の売上があったときも反省**するということ。

働きすぎたのではないか？　家族の時間が短かったのではないか？　などなど。

この売上基準金額のもとは川下から設定します。

川下とは一家が幸せに暮らすということです。いくら所得（利益）があれば心豊かに暮らせるか、そのためには売上はどれだけ必要かを試算して決めます。

風来では家族が増えたり、子どもが成長したりするにつれ、少しずつ基準金額が増えてきて、2010年から現在の**1200万円**に落ち着いています（所得〈利益〉ベースで600万円）。

ちなみに、アメリカのギャラップ社が2005年に132か国45万人を対象に年収と幸福度を調査した結果を見ると、日本円にして年収630万円（米ドルで7万5000ドル、年収の中央値で換算）をピークにして幸福度が下がっていく傾向にあることがわかりました。

これは、仕事のストレスや仕事につぎ込む時間の長さと、稼いだお金で買えるものや体験が相殺し合うようになるためだそうですが、会社員時代に見ていた高収入の方を思い出すと、さもありなんと感じます。

そして、田舎で今ぐらいの所得（利益）があれば、心身ともに豊かになれると実感しています。

さて、売上基準金額も毎年変動するなら、売上目標金額とそれほど違わないのでは？と思われるかもしれません。でも、この考えを導入することでいろいろなことが変わってきました。

経営していく中で一番のストレスは、なんと言っても売上を上げることです。

それがある程度でいいとなれば、余裕が生まれてきます。とにかく売上を上げるのが至上命題になると注文は受けるだけ受ける、足りなかったら他から融通してでもなんとかしようとします。

風来では、看板商品である野菜セットの上限を**1日8セット**（4～5月中頃までの端境期は5セット）としています。その他の注文も入ってくるので、これで十分、基準金額を達成できます。

先の見通しがつくので、畑の年間計画も立てやすくなり、**畑も拡大する必要がありません**。

そして売り方も変わりました。

それまでは、有名デパートや星つきレストランに売ることが自分のステータスだと思っていましたし、たくさん買ってくれるところがありがたいと思っていました。

しかし、売れることがわかっていて売れる量が同じなら、**個人のお客様に直接販売することが（販売手数料もないので）一番の利益**になります。

また、個人のお客様だとお互いの融通もきかせることができるので（ないときには「ない」と言え、逆に聞けるときはリクエストも受けられる）、そういった意味でもストレスがなくなりました。

風来の生鮮部門の原価率が2割（通常の農業だと原価率7割、人件費を省いても5

割以上）だと前述しましたが、その要因としてこういう方向へシフトしたのも大きいのです。

現在、風来では、野菜の卸販売はしていません。野菜セットは直販のみ。これを逆手に取り、新しいキャッチフレーズとして「**三ツ星レストランでも食べられない風来の野菜、あなたの家庭でなら食べられます**」というのもいいかと考えています（笑）。

この「売上基準金額」は、実践していく中で時代を先行く考え方ではないかと思えてきています。**目標から稼ぎを決める。**これからの新時代、「小さい農」に限らず、新しい起業の考え方としていけるのではないでしょうか。

涙ながらに感謝された一本の電話

ある日、風来に一本の電話がかかってきました。

長野のとあるキャンプ場に野菜を届けてほしいとのこと。

風来sama

いつもありがとうございます<(_ _)>
今回、申し訳ないお願いをしてしまったのに、
あんなにも沢山のお野菜を送って頂き本当にありがとうございます。

届いてすぐ頂いた塩ゆでブロッコリー。
喉も腫れず、息もつまらず、スーッと体の中に入っていってくれました。
（＊著者注：通常の野菜だと口に入れた瞬間に喉が腫れて、ものが通らないとのこと）

とても甘くて美味しくて…。あの感動は忘れません。

風来さんの愛情たっぷりお野菜に、頑張る元気を頂く事が出来ました(^^)
本当に本当にありがとうございます。

皆さまのご親切＆支えによって
毎日生活する事が出来ています！！
本当にありがとうございます。

感謝の気持ちと共に…

その方は、重度の化学物質過敏症で、神奈川の自宅に住めず、ホテルにも住めないため、仮住まいとしてキャンプ場暮らしとのことでした。

有機野菜であっても、反応が出るものもあり、のどが腫《は》れてしまい、食べられないものもあるといいます。

そういった方に野菜を送るのは正直プレッシャーでもあったのですが、後日その方からメールと電話があり、涙ながらに「食べられた！」と感謝されました。それが上のメールです。

その言葉を聞いて、こちらも感動して涙が出てきました。

そのときに、それまでの「サービス業の視点で農を見る」というのが、とてもおこがましいと気づきました。

バーテンダー時代に師匠から教わった「**サービス業の使命は人を幸せにすること**」と考えると、命のもとを育てている農は、「**究極のサービス業**」ではないかと誇りを持つことができました。

そうやって姿勢が変わってからは、風来の経営もより安定してきました。

風来式「炭素循環農法」の仕組み

そして、さらに安全な野菜を育てるべく無肥料栽培（炭素循環農法）に全面的に切り替えたのが2012年。「炭素循環農法」に関してはPART3でも触れましたが、ここではより具体的に、風来式「炭素循環農法」の仕組みを紹介します。

1　うねづくりのやり方

「炭素循環農法」では、糸状菌という菌が炭素（落ち葉など）を分解するときに野菜の根に養分を与えると考えられています。

その糸状菌はとにかく**水に弱い**ので、うねを高くして排水性を高めます。

通常の畑では、うねの高さは20〜30センチぐらいですが、風来では**40センチ以上**になるようにしています。

風来の場合、どのうねも**幅は1・5メートル**と決めています。

2　炭素資材（落ち葉）を施す

うねができたら、**落ち葉**などの炭素資材を置いていきます（1㎡あたり1キログラム）。

そして表面を軽く混ぜ、平らにならして、さらに細かくした落ち葉などを同じく1㎡あたり1キログラム敷き詰めて、上からビニールマルチをかぶせてできあがりです。どの野菜でもやり方は変わらないのでとてもシンプルです。

肥料分がまったくない畑はどうする？

風来式「炭素循環農法」は、いわゆる無肥料栽培ですが、それができるのは**土づくりをしてきた下地**があったからとも言えます。

雑草も生えないようなまるっきり肥料分がない畑では、無理やり無肥料栽培をしても育ちません。

そこで、そのような肥料分のない畑の場合は、「炭素循環農法」の最初に、**炭素資材を施すときにプラス鶏糞**をまきます（1㎡あたり1キログラム）。後は同じです。

その次からは、これまで述べてきた方法で栽培していきます。

1回目の土づくりの際に鶏糞をまいた場合、無肥料栽培とは言えなくなるでしょうが、それはそれでいいと思っています。**野菜は法律（人が決めたこと）ではなく法則（自然の摂理に合わせること）で育ちます。**今、風来では穫れた野菜が安全ならばいいのではないかと柔軟に考えるようになりました。

「炭素循環農法」のメリット・デメリット

これまで「炭素循環農法」で育ててきて感じたメリットは、**病害虫がつきにくい、後半の収量が多く、長く収穫できる**ということです。

また、肥料を買う必要がないので、**費用がかからない。味がよく日持ちがする**などがあります。

逆にデメリットとして、肥料分がないので**初期成長が遅い、水に弱い**ので大雨が続くと成長が著しく悪くなる。**安定するまで時間がかかる**（畑の状況によりますが、長ければ3年ぐらい）ということがあります。

「炭素循環農法」自体は、別名「たんじゅん農法」と言われるくらいシンプルで難しいことはありません。ただ私自身、これまでの農法と常識が違うので、戸惑うことも多々ありました。初期成長が本当に遅く、これまでだったら収穫できている時期に収穫できず、野菜セットの発送を中断し、不安で眠れない日々をすごしたこともあります（結果的にはひと月遅れで収穫できるように）。

どんな農法も、メリット・デメリットを理解しておかないといけません。リスクヘッジの観点からも、新しい農法にする際は、全面切り替えではなく、畑の一部で試してから決断しても遅くはありません。慎重にやっていきましょう。

虫喰い野菜は、本当に安心なのか？
——「硝酸態窒素」含有量に注目

虫喰い野菜は安全な証拠と言われますが、果たして本当でしょうか？
風来では、ずっと有機栽培をやってきました。野菜が大きくならなかったり、虫がつくのは土が痩《や》せているからだと、堆肥や有機肥料をどんどん施肥。しかしやればやるほど、虫喰いがひどい状態になりました。

そんなときに、こぼれ種（意図していないところに種が落ちること）だったのでしょうか。まったく肥料を与えていないところで育った白菜（無農薬で育てるのが一番難しい）には虫喰いがありませんでした。「炭素循環農法」に切り替えたのは、そんな経験があったからです。

一般的に、野菜を育てるのに必要とされているのが、窒素、リン酸、カリウム。

中でも窒素は、野菜を大きくするのに不可欠とされています。

しかし、成長に必要以上与えると、野菜の体内で害虫の好む「アミノ酸」や「アミノ酸アミド」が発生して害虫が寄ってきます。

そして、そんなアミノ酸がつくられる過程で、細胞壁をつくるのに必要な糖類が使われ、結果として細胞壁が薄くなり、病気になりやすくなります。

つまり、**野菜を大きくしようと肥料過多になり、それがますます病害虫を呼び込む原因**となり、対処療法として農薬を使うという悪循環になっています。

残留窒素（硝酸態窒素）の比率が高い野菜は、人体にもよくないとされていて、味もエグミが残ります（ＥＵでは、硝酸態窒素に対してほうれん草などは３５００ｐｐｍ以下など基準がありますが、**日本では基準がありません**）。

風来では、安全な野菜の指標のひとつとして、硝酸態窒素の値をバロメーターにしています（最低でもＥＵ基準以下になるように）。

また、硝酸態窒素の含有量が少ない野菜は日持ちもしますし、後味もスッキリしています。

これから日本でも、**硝酸態窒素の含有量が注目**されるようになってくるのではないかと思っています。

「かかりつけの農家」という発想

世界中で自由貿易がどんどん進んでいます。そんなときに、ニュースになるのが農産物が安くなるということ。

果たして命のもとである食を「高い」「安い」という観点だけで見ていいのでしょうか？

そういったことを言っていられるのは、食があふれている今だからこそ。

いつまでも自分たちが選べる立場だと信じて疑わないところが悲しくもなってきます。

もし、国内から農家自体がいなくなってしまったら、外国からの遺伝子組換作物はいらないと言っても、もう選べる立場にはありません。

こんなことは誇大妄想であってほしいと思いますが、実際にメキシコなどでは自由貿易締結後、農業公社が解体され、アメリカ大資本の独占状態となりました。

日本は食糧自給率がここまで低い国なのに、これだけ食や農の未来に対して考えていないというのはある意味すごいなと思います。

私の友人が通貨危機に陥った最中のギリシャに行ったのですが、思った以上に楽天的だったと言います。

その根底にあるのは、食糧自給率が１４０％と、何があっても飢えることはないという安心感も一因だったそうです。

国家レベルのことを変えるのは難しいところですが、個人で食の大切さに気づいている人はたくさんいます。人は食べたものでできているからです。

これからは「かかりつけの医者」や「かかりつけの弁護士」のように、「**かかりつ**

けの農家」の時代がくるのではないかと思っています。

先の東日本大震災のとき、風来にも注文が殺到しました。

中には、「定価の倍出すから優先的に送ってくれ」という方もいました。

そんなときだからこそ、昔からのお客様優先でいつもと変わらない姿勢（価格・量）で出荷しました。

おかげさまで、感謝の声をいただき、さらにつながりが深くなった気がします。

先の戦争では、いざというときに頼れる「疎開先」がある人も多かったと思いますが、今、疎開できる人がどれだけいるのでしょうか？

そう考えると、「かかりつけの農家」を持つことは大きなリスクヘッジになります。

そういった意識を持っている人が、特に大震災以降増えているような気がします。

また、表立って活動せずとも、そう思っている人も少なくないはずです。

だからこそ、「かかりつけの農家」という考えを示してあげる。今を助けることで自分の未来が助かる。農家にとっても安定して買ってくれる人がいることで安心して農業ができるのです。

常に対等な関係を

もう15年以上前ですが、新婚旅行で行ったのが、インドネシアのバリ島でした。2人とも滞在型が好きだったので、ウブドという街の近くのホテルに1週間連泊。着いた初日に街中を散策しました。

そのときに、ハンドメイドの木彫りの素敵なアクセサリーに出合いました。日本円にしてひとつ120円と手頃で、持ち運びにも便利そうだったので、みんなのお土産にすることにしました。

5日後に取りにくることにしてまとめて50個注文。50個頼むといくらになるのかなと思っていたら、7000円という答えが返ってきました。

なるほどと思いながら冷静に計算してみると、ひとつあたり140円と高くなって

いるではありませんか！　そこで、

「安くなるならともかく、高くなるとは信じられない」と言うと、

「おまえのおかげで、この数日は俺の睡眠時間が短くなるじゃないか、だから当然だ」

という答えでした。


でも、そのとき、妙に納得してしまいました。

スケールメリット的に考えれば安くなるのが当たり前だと思っていたのですが、なんだか目から鱗《うろこ》の瞬間でした。

「スモールメリット」という考え方の原点には、そういった体験があったからかもしれません。


今、日本はとてもお客さんの権利意識が強いと思います。これは、ネットの影響がとても大きいのでしょう。

ただ、「食べログ」などのいろいろな商品レビューを見ていると、中にはそれはお店側のせいではないのでは？　と思うものも多々あります。物があふれているので気づきにくいのですが、本来は**売っているからこそ買える**という視点も必要だと思います。

そしてそんなふうになっている根底には、「お客様は神様です」といった言葉が大きく影響している気がしてなりません。

以前、電話で問合せがあったとき、無理なことだったのでその旨を伝えると、「お客様は神様でしょう？」と言われました。

とっさに、「その言葉はキリストさんがおっしゃいましたか？　ブッダさんがおっしゃいましたか？　確か一歌手の歌だったと思うのですが」と言ってしまいました。

もちろん、どちらが上とか下ではないのですが、お金というものを介在した対等なおつき合いができる、それが風来の理想です。

そのためにも、心から必要とされるものを提供していかなければと思っています。

風来式「公私混同論」

「**公私混同**」と言うと、悪いことというイメージがあります。

もちろん、公金流用などはもってのほかですが、「公」と「私」の明確な違いはどこにあるのでしょうか？


今の社会は、あまりにも「公」と「私」、「本音」と「建前」のダブルスタンダードを取ることが当たり前になっています。

また、ダブルスタンダードを取らざるをえない社会になっているように思います。


私自身、会社員時代は、職場の自分と家にいる自分を分け、会社の利潤と個人的意見を明確に分けていました。

自分にとって「それはどうだろう？」と思うことでも、「公」と「私」を使い分けることで、自己矛盾を起こさないようにしていました。

極端に言うと、社会全体に不利益なことでも、「会社のため」となってしまいがちです。

地域の集まりや環境保護の勉強会に参加して意見を言うときも、会社員時代はその場ではすばらしいことが言えました。

しかし、独立してからは、普段の仕事でやっていることと言っていることが合わない言行不一致なことは言えなくなり、その分、言葉に重みが出てきました。

「農業は幸せに稼げる仕事」と私自身、よく言っていますが、それは公私混同すればこそ。**生き方そのものを仕事にしてしまうスタイル**あってこそです。

「公」の自分も「私」の自分もいつも同じ。もちろん責任はともないます。

しかし、24時間、いつでも自分に正直にいられたら自己矛盾も起こらず、そういった意味でのストレスはなくなりました。

よく「商売屋の子どもはグレない」と言われます。

それは働いている両親の姿を目の当たりにしていたからこそではないでしょうか？

うちでは、子どもたちによくお手伝いをさせています。それが本当の意味での生きる力になると信じています。

情報があふれている今だからこそ、働いている姿、背中で語ることができるのはとても教育的価値が高いと実感しています。


最初の頃は、流行りの時短ではないですが、いかに効率よく作業をすませ、いかに休むかということも考えていたのですが、風来を続けていくうちに、本当にたくさんの感謝の声が寄せられてきました。

お金をいただいて感謝までしてもらえる。

幸せになってもらえることで、こちらも幸せになれる。

どんどんやりがいを感じるようになりました。


以前はコンプレックスからか（農業はキツイ、キタナイ、格好悪いの「３Ｋ」と言われていました）、「週5日働けばきちんとした所得があります」なんてことを言っていましたが、今は時間があれば畑に出ています。

それを労働時間と考えると長時間労働になるのでしょうが、今は**畑に出るのが自分の楽しみに直結**するようになってきました。

もちろん、家族で遊びに行ったりと、休むときはしっかり休んでいます。

でも、農作物はやればやるだけ応えてくれる。自分にとってお金もかからない、最高の趣味にもなっています。

通帳より大切な「秘伝のレシピノート」

いざ有事があったとき、わが家では金庫より通帳よりなにより大切に持ち出すものが決まっています。

それは私の母から受け継いだ「**秘伝のレシピノート**」（↓次ページ）。

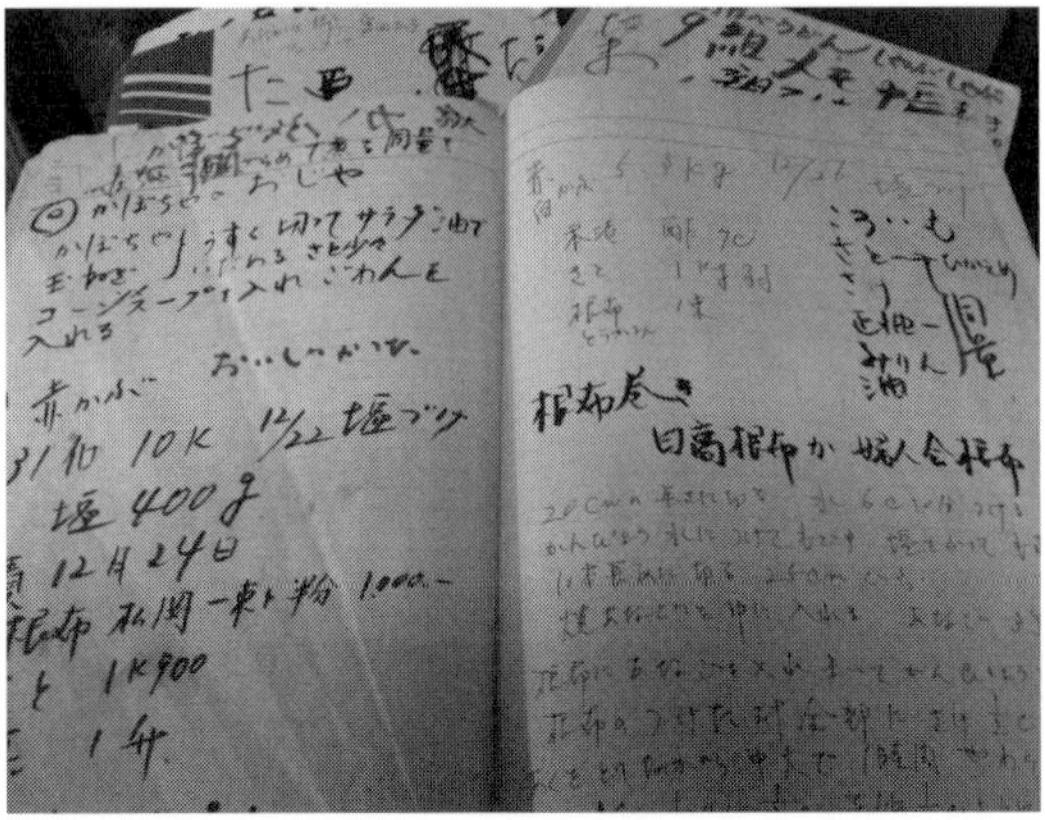
おいしかった。
赤かぶ
10K 12/22 塩づけ
塩 400g
12月24日
根布巻き

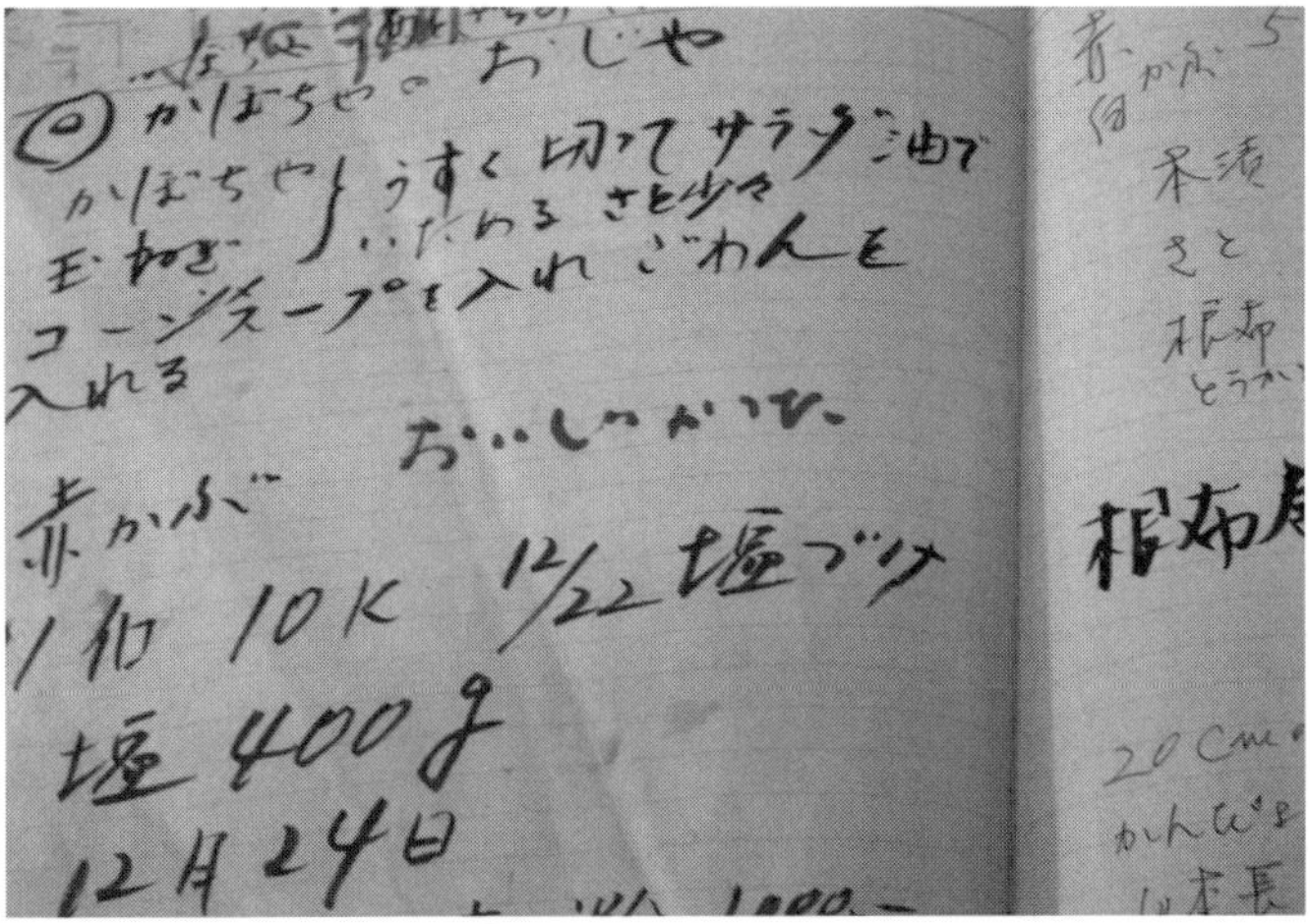
かぼちゃのおじや
かぼちゃ うすく切ってサラダ油で
玉ねぎ いためる さと少々
コーンスープを入れ
入れる
おいしかった。
赤かぶ
12/22 塩づけ
10K
塩 400g
12月24日

「秘伝のレシピノート」

いわゆる〝近所の評判になるおばさん〟だった料理好きの母。

よく近所の人に頼まれて母がつくった漬物やお弁当（40～50セットくらい）が山積みされた環境で育った私。

今、風来のメイン商品ともなっている加工品のほとんど――キムチ、その他漬物、押し寿し、炊き込みごはん、かきもち、よもぎ団子などは、母から引き継いだものになります。

そんな知恵の詰まったのが「秘伝のレシピノート」。あせっていたのか表紙に筆ペンで「ピロシキ」となぐり書きしてあって、中を見てみると1ページだけ書いてあって他は白紙だったりするものも（笑）。でもそんな貪欲な姿勢は今も見習いたいと思っています。

「データベース化したほうがいいんじゃない？」とすすめられたりしますが、数字だけしか書かれていない「暗号」のような記述やなぐり書きが多く、行間を察しなければならないものが多数。とてもデータベース化できるシロモノではありません。裏を返すと自分たち以外には解読できないものかも。

私たち夫婦も「子どもたちにそんな知恵を伝えていきたいね」と常々話しています。お金や財産には相続税がかかりますが、知恵には税金かかりませんしね。ただ、できるだけ解読しやすい暗号にせねばと思っています（笑）。

価値観が変われば、すべてが変わる

「宝石」「服」「食物」「水」「空気」。平均して高価な順に並べると、この順番になると思います。

つまり今の日本で価値があるとされている順です。

では、この5つを命に必要な順に並び替えるとどうなるでしょうか？

人間は、空気がなければ3分、水がなければ3日、食べ物がなければ3週間も生きていけません。

つまり**「空気」「水」「食物」「服」「宝石」**とまるっきり逆になります。

見方を変えるとすべてが変わってきます。

実際、何か災害が起こったときには、まっ先に水や食べ物を欲するのではないでしょうか。

農家になる前は「ほしいものは何もない」と思っていた故郷ですが、農家になってから、「**必要なものはすべてある**」と気づき、故郷が大好きになりました。

文字どおり「地に足をつけた生活」は安心感にあふれています。

今、私が流行らせたいのは「**それって、命的にどう?**」という言葉です。

安い、高い、うまい、まずいだけでなく、命の価値観で見てみる。

特に食べ物がそうです。

そのときは安いからといっても、病気の原因となるようなものを食べ続けていたら、もれなく病気になり、結果的には経済的にも高くなるかもしれません。

それどころか、お金で買えない寿命すら短くなってしまいます。

命のもとである食を育てている「農」は、本来それだけで「志高い」仕事です。

命の価値観で見たとき、**振り返ればトップランナー**、それが農業。時代の最先端を行く、ひとりで100歩行く人も必要ですが、100人が一歩、歩を進めれば、みんながもう一歩踏み出すだけで一気に倍の200歩になるのです。

[著者]

西田栄喜（にした・えいき）

菜園生活「風来《ふうらい》」代表。1969年、石川県生まれ。

大学卒業後、バーテンダーとなる。1994年、オーストラリアへ1年間遊学後、ビジネスホテルチェーンの支配人業を3年間勤務。その後帰郷し、1999年、知識ゼロから起農。小さなビニールハウス4棟、通常農家の10分の1以下の耕地面積である30アールの「日本一小さい専業農家」となる。

3万円で購入した農機具などで、50品種以上の野菜を育て、野菜セットや漬物などを直売。SNSなどでお客さんとダイレクトにつながり、栽培・加工・直売・教室を夫婦2人でやりながら、3人の子どもたちと暮らす。

借金なし、補助金なし、農薬なし、肥料なし、ロスなし、大農地なし、高額機械なし、宣伝費なしなど、〝ないないづくし〟の戦略で、年間売上1200万円、所得（利益）600万円を達成。基準金額の95％未満でも105％超でも反省する「売上基準金額経営」を実践。小さいからこそ幸せになれるミニマム主義を提唱。地域とお客さんとのふれあいを大切に、身の丈サイズで家族みんなが明るく幸せになる農業を行う。

著書に『小さい農業で稼ぐコツ——加工・直売・幸せ家族農業で30a1200万円』（農山漁村文化協会）がある。最近は、多くの新規就農者の相談に乗りながら、全国各地からの講演依頼も多い。

【風来HP】

http://www.fuurai.jp/

農で1200万円！

——「日本一小さい農家」が明かす「脱サラ農業」はじめの一歩

2016年9月1日　第1刷発行
2024年10月25日　第8刷発行

著　者——西田栄喜
発行所——ダイヤモンド社
〒150-8409　東京都渋谷区神宮前6-12-17
https://www.diamond.co.jp/
電話／03·5778·7233（編集）　03·5778·7240（販売）
装丁——石間 淳
イラスト——西田里美
本文デザイン——布施育哉
製作進行——ダイヤモンド・グラフィック社
印刷——堀内印刷所（本文）・加藤文明社（カバー）
製本——ブックアート
編集担当——寺田庸二

ISBN 978-4-478-06982-0